C++青少年趣味编程108例

（全视频微课版）

方其桂 主 编

刘 斌 刘 锋 副主编

清华大学出版社

北 京

内 容 简 介

本书详细介绍了C++语言编程的知识和应用技巧，通过108个有趣的案例，帮助读者快速了解并掌握C++编程的基础知识及核心算法，能够使用C++解决实际问题。本书共分为9章，第1~5章介绍了C++编程的基础知识，如分支结构、循环结构、数组和函数等；第6~8章介绍了C++编程常用的核心算法，如递推和递归算法、贪心和分治算法、排序和搜索算法等；第9章为综合案例，通过应用C++编程知识来解决生活和学习中遇到的各种实际问题。

本书可作为中小学生的编程启蒙读物，也可供对C++编程感兴趣的读者学习参考，还可作为中小学编程兴趣班及相关培训机构的教材。

图书在版编目（CIP）数据

C++青少年趣味编程108例：全视频微课版／方其桂
主编；刘斌，刘锋副主编. -- 北京：清华大学出版社，
2024. 7. -- ISBN 978-7-302-66523-6

Ⅰ. TP312.8-49

中国国家版本馆CIP数据核字第2024FS6438号

责任编辑：李 磊 高晓晴
封面设计：杨 曦
版式设计：芃博文化
责任校对：孔祥亮
责任印制：刘 菲

出版发行：清华大学出版社
      网 址：https://www.tup.com.cn，https://www.wqxuetang.com
      地 址：北京清华大学学研大厦A座 邮 编：100084
      社 总 机：010-83470000 邮 购：010-62786544
      投稿与读者服务：010-62776969，c-service@tup.tsinghua.edu.cn
      质 量 反 馈：010-62772015，zhiliang@tup.tsinghua.edu.cn
印 装 者：大厂回族自治县彩虹印刷有限公司
经 销：全国新华书店
开 本：170mm×240mm 印 张：20 字 数：438千字
版 次：2024年7月第1版 印 次：2024年7月第1次印刷
定 价：108.00元

产品编号：099493-01

前言

一、学习编程的意义

随着大数据、物联网与人工智能大面积的发展和普及，编程受到越来越多人的青睐。编程不仅可以将抽象想法转化为实际形态，还可以培养人的逻辑思维，增强分析问题和解决问题的能力。当前许多省市已经将编程纳入中高考，每年各地也会举办各种编程比赛引导青少年学习编程，由此可见，编程已经成为中小学信息科技教育的重要组成部分。

C++是一门优秀的计算机编程语言，是主流的编程语言之一，它入门容易、设计严谨、操作方便、简单易学，非常适合作为青少年的编程启蒙语言。

在未来世界，编程将成为数字化时代人人都必须掌握的一项基本技能，为此我们组织有丰富程序设计经验的一线教师、教研人员编写本书，帮助青少年通过C++编程培养计算思维，提升核心素养，以更好地适应未来数字社会的发展。

二、本书结构

本书通过9章内容，带领读者制作108个案例，调动读者学习编程的积极性，激发创新思维。为便于学习，书中精心设计了如下几个栏目。

♡ **案例分析**：通过"提出问题"环节，引导读者思考案例如何实现；通过"思路分析"环节，对每个案例需要解决的问题进行分析和规划。

♡ **案例准备**：详细介绍解决案例问题所需的相关知识，并设计算法，明确问题解决的过程。

♡ **案例实施**：通过"编写程序"和"测试程序"环节详细指导案例的制作，降低学习难度。"答疑解惑"环节对案例中容易出现的错误或疑难问题进行解释或补充，同时强化和巩固知识。

三、本书特色

本书内容由浅入深，趣味性十足，适合对C++编程感兴趣的青少年及编程初学者阅读。为了充分调动读者学习的积极性，本书在编写时注重体现如下特色。

♡ **案例丰富**：本书案例丰富，内容编排合理、难度适中。每个案例都设计了一定的情境，有详细的分析和制作指导，利用案例将思维训练和程序设计串联起来，使读者更加容易理解编程知识。

♡ **图文并茂**：本书使用图片代替大段文字说明，使读者一目了然，帮助读者轻松学习编程知识。在介绍案例具体的操作过程中，语言描述简洁，每个步骤都配有对应的插图，用图文来分解复杂的步骤，便于读者边学边练。

♡ **资源丰富**：本书为所有案例配备了素材和源程序，并提供了相应的微课，资源的数量和质量都有保障，满足读者的自学需求。

♡ **形式贴心**：本书针对读者在学习过程中可能遇到的问题，以"答疑解惑"的形式进行阐述，使读者的学习之路更加顺畅。

四、配套资源

本书配有数字化教学资源，提供了案例素材、源程序、PPT课件和微课视频，读者可以扫描下方二维码，将内容推送到自己的邮箱中，然后下载获取。读者也可扫描书中的二维码，借助微课在线学习，再进行实践操作。

源程序+课件　　　　微课视频 1　　　　微课视频 2

五、本书作者

本书的编写者有省级教研人员、一线信息技术教师，其中有2位正高级教师，其他作者也都曾获得全国或全省优质课评选奖项，他们长期从事信息技术教学方面的研究工作，具有较为丰富的计算机图书编写经验。

本书由方其桂担任主编，刘斌、刘锋担任副主编。本书编写分工为：唐小华编写第1章，刘斌编写第2、3、7、8、9章，林文明编写第4章，王丽娟编写第5章，刘锋编写第6章。本书配套资源由方其桂整理制作。

虽然我们有着十多年撰写编程方面图书(累计已编写、出版三十多种)的经验，并尽力认真构思验证和反复审核修改，但书中难免有一些瑕疵。我们深知一本图书的好坏，需要广大读者去检验评说，在这里衷心希望您对本书提出宝贵的意见和建议。读者在学习使用本书的过程中，对案例的制作可能会有更好的方法，也可能对书中某些案例的制作方法的科学性和实用性提出质疑，敬请读者批评指正。

方其桂

2024.1

目录 📋

第3章　择善而从——程序控制

第4章　物以类聚——数组

第5章　化整为零——函数应用

第6章　轻而易举——基础算法

第7章　再接再厉——贪心分治

第8章　突破难关——排序搜索

第9章　百炼成钢——综合实例

第1章

相见恨晚——初识 C++

我们知道，人与人之间可以通过语言交流。那么，人与计算机的交流又是通过什么来实现的呢？其实，要与计算机沟通，就需要使用计算机能够理解的语言。C++ 是一门操作方便、简单易学的计算机编程语言，非常适合初学者学习和使用。

本章通过 12 个案例，带领读者了解 C++ 的下载、安装、编译和运行过程，通过阅读代码的注释语句理解程序代码，并且使用 C++ 编写出第一个程序与计算机进行交流。让我们一起开始行动吧！

学习内容

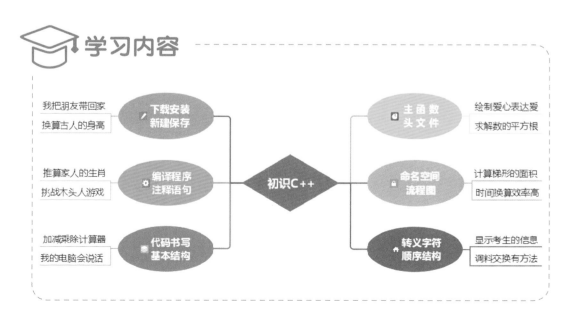

案例 **1** 我把朋友带回家

案例知识：下载和安装C++编程软件

今天，刘小豆在编程课上认识了一位新朋友C++，当他使用C++编程时，感觉充满了乐趣。回家后，他想在自己的计算机上使用C++编写程序，但当他打开计算机后，却找不到C++编程软件。请你帮助刘小豆安装C++编程软件。

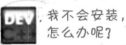

1. 案例分析

提出问题　要帮助刘小豆安装C++编程软件，需要思考如下问题。

> (1) 如何下载C++编程软件？
>
> (2) 如何在计算机中安装C++编程软件？

思路分析　在互联网上，C++编程软件的种类繁多，针对不同的操作系统也有不同的编程软件可供选择。其中，Dev-C++软件比较适合初学者使用，只需从网上下载Dev-C++软件，并安装在计算机中就可以使用了。

2. 案例准备

Dev-C++软件　Dev-C++软件具有界面简洁、功能齐全的特点，适合青少年使用，可以实现C++程序的编辑、编译、运行和调试工作。

步骤设计　先从互联网中下载Dev-C++软件，并进行安装，然后编写、编译和运行C++程序。下面以Dev-C++ 5.11版本为例，介绍软件的下载与安装方法，具体分为以下三个步骤。

第一步：从网上查找下载软件的网站，打开下载网页，下载Dev-C++软件的安装程序文件。

第二步：双击运行安装程序文件，按照软件界面的提示，一步一步安装软件。

第三步：安装完成，打开Dev-C++软件，检查软件运行情况。

3. 案例实施

下载软件　打开浏览器，进入搜索网站，查找到Dev-C++软件的下载网址，并打开，按图所示操作，下载并保存Dev-C++软件。

安装软件　双击下载的Dev-C++安装程序文件，按图所示操作，安装Dev-C++软件，在安装过程中可以选择安装路径和设置语言。

打开软件　按图所示操作，打开Dev-C++软件，检查软件是否能够正常运行。

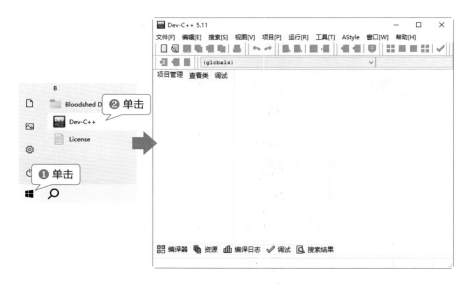

案例 2 换算古人的身高

案例知识：新建和保存程序

芳芳看古装剧时，常听到这样一句话"我乃堂堂七尺男儿"，她不禁发出疑问，古代的七尺男儿到底有多高呢？于是，她向刘小豆求助，刘小豆编写了一段能够换算古人身高的C++代码，并让芳芳放在C++编程软件上测试一下。请你帮助芳芳测试这个代码吧！

1. 案例分析

提出问题 要想在编程软件中使用身高换算的代码，需要思考如下问题。

(1) 古人所说的一尺，大约是现在的多少厘米？

(2) 如何将代码放入C++编程软件中进行测试？

思路分析 打开Dev-C++软件，首先新建一个程序文件，复制换算身高的代码，将其粘贴至文件的代码编辑区；然后将程序保存在计算机中；最后运行程序，验证程序的正确性。

2. 案例准备

新建C++程序文件 打开Dev-C++软件，选择"文件"→"新建"→"源代码"命令(或按快捷键Ctrl+N)，即可新建一个程序文件，界面如图所示。

算法设计　如下图思路，新建C++程序文件，将已有代码复制并粘贴到文件的源程序编辑区，运行程序，查看程序运行结果。

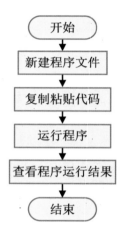

3. 案例实施

复制代码　按图所示操作，复制文本文档中的代码，并粘贴到文件的程序编辑区。

```
#include<iostream>
using namespace              ❶ 单击
int main() {
    float height;
    cout<<"请输入古人的身高值（单位：尺）：";
    cin>>height;
    cout<<"换算成现在              单位：米）：";
    cout<<height*0.23
    return 0;
}
```

剪切(T)
复制(C)
粘贴(P)　❷ 单击
删除(D)

[*] 未命名1

```
 1    #include<iostream>
 2    using namespace std;
 3    int main(){
 4        float height;
 5        cout<<"请输入古人的身高值（单位：尺）：";
 6        cin>>height;
 7        cout<<"换算成现在的身高值为（单位：米）：";
 8        cout<<height*0.2
 9        return 0;
10    }
```

剪切[t]
拷贝[C](M)
粘贴[P]　❸ 单击
选择全部[S]

粘贴代码

保存程序　按图所示操作，将程序保存到计算机中。

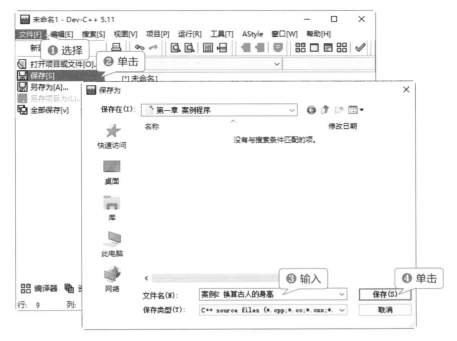

运行程序　按 F10 键，运行程序，其运行结果如下图示。

案例 3　推算家人的生肖

案例知识：编译程序

生肖也称属相，我们可根据它推算一个人的年龄。今天上编程课时，刘小豆编写了一个能根据年龄自动算出生肖的 C++ 程序，芳芳对此非常感兴趣，于是准备把这个程序文件带回家，在 C++ 编程软件上测试。请你帮助芳芳测试程序，推算一下芳芳家人的属相。

1. 案例分析

提出问题　要想在C++编程软件中测试程序，需要思考如下问题。

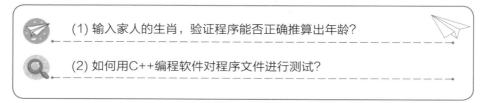

(1) 输入家人的生肖，验证程序能否正确推算出年龄？

(2) 如何用C++编程软件对程序文件进行测试？

思路分析　打开Dev-C++软件，首先打开推算生肖的程序文件；接着编译程序，检查程序语法；编译程序通过后，运行程序并观察运行结果。

2. 案例准备

编译程序　因为计算机只认识机器语言，所以必须将编写的程序代码翻译成机器语言。这里的"翻译"就是"编译"，编译是将源程序代码转换成目标程序代码的必要加工过程。

算法设计　如下图思路，打开程序文件，编译运行程序，查看程序运行结果。

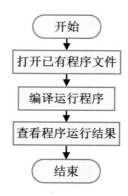

3. 案例实施

打开文件 按图所示操作，打开推算生肖的程序文件。

编译运行 按F11键，编译运行程序，在键盘上首先输入妈妈的年龄36，计算机屏幕显示妈妈的生肖，接着输入爸爸的年龄39，计算机屏幕又显示爸爸的生肖，如下图所示。

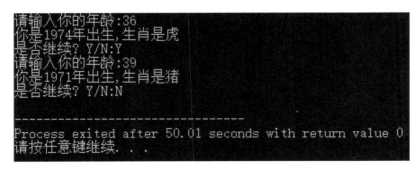

答疑解惑 编译运行程序，顾名思义，就是先执行编译程序，再执行运行程序。此时，如果程序代码有错误，编译是无法通过的，当然也就无法运行程序，所以只有当编译命令通过时，程序才能运行。

案例 4 挑战木头人游戏

案例知识： 注释语句

注释是对代码的解释和说明，其目的是增强程序的可读性，它是提升编程能力的重要途径。刘小豆给芳芳一个"木头人游戏"的程序，希望芳芳通过测试与分析读懂代码的作用，并能对代码进行注释。请你帮助芳芳完成这项任务吧！

1. 案例分析

提出问题 要想对程序代码进行注释，需要思考如下问题。

> (1) 你了解"木头人游戏"的规则吗？
>
> (2) 如何书写C++代码的注释，增强程序的可读性？

思路分析 要了解游戏规则和解读程序代码，我们可以根据单词含义去理解代码，也可以运行调试程序，根据程序运行结果去理解代码，并且根据自己的理解为代码添加注释。

2. 案例准备

注释的作用 给代码加上注释语句，不仅能提升程序的可读性，还方便程序编写人员读懂代码，从而对代码进行迭代和优化。

注释的方法 C++语言的注释语句可以是单行，也可以是多行。单行语句注释以两个左斜杠"//"开头写注释内容，多行语句注释使用左斜杠加星号"/*"和星号加左斜杠"*/"将注释内容括起来。

算法设计 如下图思路，对代码进行分析，然后完成注释。

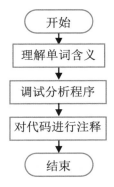

3. 案例实施

分析程序 分析"挑战木头人游戏.cpp"的程序代码，在下图横线上写出代码的注释语句。

```
1  #include<iostream>
2  #include<string>
3  using namespace std;
4  int main(){
5      string command;
6      cout<<"请大声喊出指令：";        // 屏幕显示"请大声喊出指令："
7      cin>>command;                    _____
8      if(command=="123")               // 如果输入指令123
9          cout<<"继续前进";
10     else                             _____
11         cout<<"停止前进";            _____
12     return 0;
13 }
```

测试程序 运行程序，输入"木头人"指令，其运行结果如下图所示。

```
请大声喊出指令：木头人
停止前进
--------------------------------
Process exited after 36.55 seconds with return value 0
请按任意键继续. . .
```

答疑解惑 按F9键执行编译命令，它会将编写的程序代码转换成目标程序代码，以便后面运行程序。C++语言中的注释内容不会被编译，更不会被运行，它的主要作用是增强程序的可读性。

案例
5

加减乘除计算器

案例知识： 代码书写规范

刘小豆从网上买了一本C++编程书，看到书上有一个制作计算器的案例很有趣，于是准备在C++编程软件中录入代码并进行验证。但是明明是对照着书上代码一个一个字符录入的，运行时却总是报错，无法显示程序运行结果，问题到底出在哪里呢？请你帮助刘小豆解决此问题。

1. 案例分析

提出问题　要想让计算器程序成功运行，需要思考如下问题。

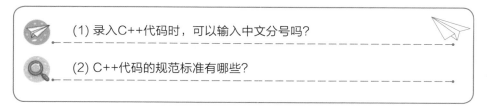

(1) 录入C++代码时，可以输入中文分号吗？

(2) C++代码的规范标准有哪些？

思路分析　刘小豆遇到的问题，也是编程初学者的常见问题，因为很多时候，初学者在书写代码时没有遵守C++语言书写规范，所以调试运行程序时会报错。例如，使用C++语言书写标点符号时，一定要输入英文标点，如果输入中文标点，程序运行时会发生错误。

2. 案例准备

代码书写规范　在编写C++代码时，遵循书写规范，可以有效提高代码的可读性，降低出错概率和维护难度。代码书写规范如下表所示。

代码	规范要求
颜色区分	在Dev-C++软件程序编辑区中，不同的代码类别显示不同的颜色。默认状态下，分号为红色，注释语句为蓝色，头文件为绿色，英文字母为黑色。这样做的好处是可以提高程序的可读性，降低出错率
英文字母	定义函数、常量和变量等名称时，使用的英文字母应区分大小写
分号	每一行结尾要加英文分号，要在半角状态下输入英文分号
引号	中文和英文字符要用英文双引号括起来，要在半角状态下输入英文双引号
换行	C++代码语句如果太长，结尾加续行符"\"换行

算法设计　如下图思路，对录入的程序代码进行修改，方便编译运行。

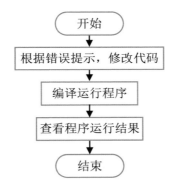

3. 案例实施

修改代码　根据算法设计，找到错误的程序代码，并进行修改，如下图所示。

```
 1   #include<iostream>
 2   using namespace std;
 3⊞ void yunsuan(int n1,int n2,char s){
15⊟ int main(){
16       int num1,num2;
17       char sign;
18       cout<<"请输入第一个数字: ";
19       cin>>num1;
20       cout<<"请输入第二个数字: "      // 错误：每一行以分号结束
21       cin>>num2;
22       cout<<"请输入           // 错误：结尾要加续行符
23       运算符号: ";
24       cin>>sign;
25       Yunsuan(num1,num2,sign);      // 错误：函数名称用的字母区分大小写
26       return 0;
27   }
```

```
 1    #include<iostream>
 2    using namespace std;
 3 ⊞  void yunsuan(int n1,int n2,char s){
15 ⊟  int main(){
16        int num1,num2;
17        char sign;
18        cout<<"请输入第一个数字：";
19        cin>>num1;
20        cout<<"请输入第二个数字：";          // 修改：加上英文分号
21        cin>>num2;
22        cout<<"请输入\                       // 修改：加上续行符
23        运算符号：";
24        cin>>sign;
25        yunsuan(num1,num2,sign);             // 修改：函数名首字母改为小写
26        return 0;
27    }
```

测试程序　运行程序，分别输入第一个数字16、第二个数字7，以及运算符号"*"(乘号)，其运行结果如下图所示。

```
请输入第一个数字：16
请输入第二个数字：7
请输入运算符号：*
乘法运算的结果是112
-------------------------------
Process exited after 8.295 seconds with return value 0
请按任意键继续...
```

答疑解惑　在计算机中录入C++程序代码之前，一般会将输入法调整成半角英文状态，如果在全角或中文状态下输入括号、逗号、分号和引号等标点符号，如在程序的第20行结尾处输入全角状态下的英文分号，程序编译时会发生错误。

案例 6 我的电脑会说话

案例知识：程序的基本结构

今天，刘小豆上编程课时第一次使用Dev-C++软件编写程序，他十分激动，想使用软件让计算机"开口说话"。请你尝试帮助刘小豆编写一段程序，让计算机和他"打招呼"，屏幕上显示"你好，刘小豆！"

你好，刘小豆！

1. 案例分析

提出问题　要想让计算机"开口说话"，需要思考如下问题。

(1) 你有什么办法让计算机和自己"打招呼"？

(2) C++语言的基本格式是怎样的？

思路分析　经过前面的编程学习，我们已经掌握了Dev-C++软件的基本使用方法。本案例要编写第一个C++程序，所以我们要了解C++程序的基本结构，使用其进行编程，并且运行编写的程序，让计算机输出"你好，刘小豆！"

2. 案例准备

C++程序结构　C++程序的基本结构由头文件、命名空间和主函数组成。具体程序结构样式如下。

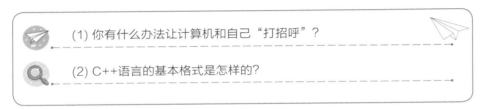

```
#include<iostream>          ←——————  头文件
using namespace std;        ←——————  命名空间
int main(){
    cout<<"世界，你好！"<<endl;            } 主函数
}
```

算法设计　根据刘小豆的想法，要想让计算机屏幕显示"你好，刘小豆！"，可以分为以下三个步骤。

第一步：包含输入和输出函数的头文件。

第二步：定义命名空间。

第三步：定义主函数，在主函数中编写输出语句，让计算机屏幕显示结果。

3. 案例实施

编写程序　根据算法设计，让计算机"开口说话"的程序代码如下图所示。

```
1  #include<iostream>        // 包含头文件
2  using namespace std;      // 定义命名空间
3  int main(){
4      cout<<"你好，刘小豆！";   // 编写主函数程序，输出结果
5      return 0;
6  }
```

测试程序　运行程序，计算机屏幕中显示"你好，刘小豆！"，其运行结果如下图所示。

```
你好，刘小豆！
-----------------------------------
Process exited after 0.4746 seconds with return value 0
请按任意键继续. . .
```

修改程序　修改程序代码，并将输出的结果填写在下面的表格内。

序号	修改程序第 4 行语句	计算机输出
1	cout<<"Hello World";	
2	cout<<"小C，你好";	
3	cout<<"^-^";	

案例 7　绘制爱心表达爱

案例知识：程序的主函数

刘小豆想用一段代码绘制爱心图案，表达自己对编程的喜爱之情。但以刘小豆现在的编程能力，还无法写出该代码，于是他从网上下载了一段绘制爱心图案的代码，想在编程软件中使用它，让计算机屏幕显示爱心图案。请你帮助刘小豆解决此编程问题。

1. 案例分析 🏃

提出问题　想要使用下载的代码绘制爱心图案，需要思考如下问题。

  (1) 找到代码后，如何将其放入Dev-C++软件中运行？

  (2) 如何在Dev-C++软件中测试下载的代码？

思路分析　在编程软件中使用下载代码绘制爱心图案时，因为C++程序的运行都是从主函数中开始的，所以只需要在主函数中调用下载的代码，即可绘制爱心图案。

2. 案例准备 🏃

  主函数　主函数main()是所有C++程序的运行起始处。每个C++程序都必须有一个int main()语句，main后面的一对圆括号"()"表示它是一个函数，圆括号内即使什么都没有，也不能省略。主函数main()中的内容，由一对花括号{}括起来，其中"{"表示主函数的开始，"}"表示结束。

  算法设计　根据上面的思考与分析，具体操作步骤如下。

第一步：复制下载的代码，并将其粘贴到Dev-C++软件的源程序编辑区。

第二步：在主函数中调用下载的代码，程序运行后，在计算机屏幕上显示爱心图案。

3. 案例实施 🔨

  编写程序　根据算法设计，绘制爱心图案的程序代码如下图所示。

```
 1  #include <math.h>           // 包含头文件
 2  #include <iostream>
 3  using namespace std;        // 定义命名空间
 4⊞ void love(){                // 存放下载的代码
14⊟ int main() {
15      love();                 // 使用代码，绘制爱心图案
16      return 0;
17  }
```

测试程序　编译运行程序，计算机屏幕上显示爱心图案，其运行结果如下图所示。

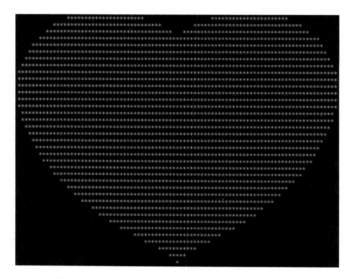

答疑解惑　程序的第15行代码，表示使用下载的代码，并绘制爱心图案。如果将此行代码放在主函数的花括号外面，则无法对下载的代码进行调用，因为程序是从主函数的"{"处开始执行的，直到执行至"}"处结束，所以它无法运行花括号外面的代码，也就无法绘制爱心图案。

案例
8

求解数的平方根

案例知识：头文件

　　李小风的数学成绩很好，他经常和大家说自己的运算速度比计算机还要快，尤其是在计算一个数字的平方根时，只要他看一眼数字，就能直接报出答案。刘小豆想用C++语言编写一个平方根求解程序，让"程序"和李小风比一比运算速度，看看这场人机大战谁才是赢家。请你帮刘小豆编写此程序。

1. 案例分析

提出问题　要计算一个数字的平方根，需要思考的问题如下。

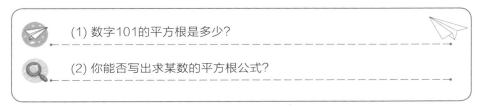

(1) 数字101的平方根是多少？

(2) 你能否写出求某数的平方根公式？

思路分析　在C++语言中，sqrt函数可以求解某个数字的平方根，如sqrt(121)，即求解数字121的平方根，其结果为11。但在使用函数前，必须在程序开头包含调用该函数的头文件。

2. 案例准备

头文件　当在程序中调用一些特殊函数时，如正/余弦函数、平方根函数等，需要在程序开头添加#include <math.h>语句。其中，#include是预处理命令，math.h是调用这些数学函数的头文件。因这类文件都放在程序开头，所以称为头文件。

算法设计　编写程序时，需要包含能调用sqrt函数的头文件。请根据上面的思考与分析，完成下图的思路。

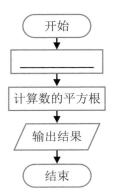

3. 案例实施 🔧

编写程序　根据算法设计，计算一个数字的平方根的程序代码如下图所示。

```cpp
1   #include <math.h>                    // 包含头文件
2   #include<iostream>
3   using namespace std;
4   int main(){
5       float s;
6       s=sqrt(131);                     // 计算数字131的平方根
7       cout<<"数字131的平方根是：";
8       cout<<s<<endl;                   // 输出结果
9       return 0;
10  }
```

测试程序　运行程序，计算数字131的平方根，其运行结果如下图所示。

```
数字131的平方根是：11.4455
--------------------------------
Process exited after 0.07438 seconds with return value 0
请按任意键继续. . .
```

答疑解惑　程序第6行语句表示调用sqrt函数，并执行数字131的平方根运算。要想使用sqrt函数，需要在程序开头包含头文件math.h，注意该语句后面是不能以英文分号结尾的，如果在该语句结尾处加上英文分号，程序编译会产生错误。

案例 9　计算梯形的面积

案例知识：命名空间

今天，数学老师在课堂上为学生讲授了梯形面积的计算方法。回到家后，芳芳想用一段C++代码来计算梯形的面积。编写完成后，芳芳对代码进行测试，发现程序无法计算梯形面积。于是，她向信息科技课的王老师求助，王老师很快找到了原因，修改了程序代码，并成功运行。你知道王老师是如何做的吗？

1. 案例分析

提出问题　要找到程序不能计算梯形面积的原因，需要思考如下问题。

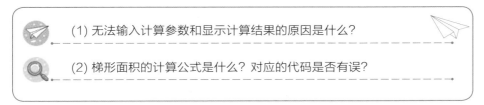

(1) 无法输入计算参数和显示计算结果的原因是什么？

(2) 梯形面积的计算公式是什么？对应的代码是否有误？

思路分析　读懂程序，找到关键语句进行修改，如计算公式是否输入错误，输入输出语句能否使用等。为了防止调试出错，先将源程序文件做备份，再在备份文件上进行修改调试，以便对照源程序解读和分析。

2. 案例准备

命名空间　命名空间又称为名字空间，使用命名空间是为了解决多人同时编写程序时，名字产生冲突的问题。常用的using namespace std表示程序采用的全部是std(标准)命名空间，std是英文单词standard(标准)的缩写。

算法设计　如下图思路，分析并修改代码，测试程序功能。

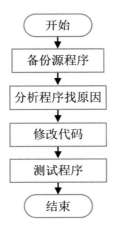

3. 案例实施

编写程序　根据算法设计，找到不能计算梯形面积的原因，并进行修改，如下图所示。

```
1    #include<iostream>
2 ┌  int main(){
3  │      float s,a,b,h;
4  │      cout<<"请分别输入上底 下底 高的值："；    // 错误：输入和输出语
5  │      cin>>a>>b>>h;                              句无法使用，因为没
6  │      s=(a+b)*h/2;                               有定义命名空间
7  │      cout<<"梯形的面积是："<<s;
8  │      return 0;
9 └  }
```

```
1    #include<iostream>                   // 包含头文件
2    using namespace std;                 // 修改：定义命名空间
3 ┌  int main(){
4  │      float s,a,b,h;
5  │      cout<<"请分别输入上底 下底 高的值："；
6  │      cin>>a>>b>>h;                   // 输入上底、下底和高的值
7  │      s=(a+b)*h/2;                    // 计算梯形面积，输入无误
8  │      cout<<"梯形的面积是："<<s;
9  │      return 0;
10└  }
```

测试程序　再次编译运行程序，查看程序运行结果，如下图所示。

```
请分别输入上底 下底 高的值：2 3 4
梯形的面积是：10
--------------------------------
Process exited after 15.17 seconds with return value 0
请按任意键继续. . .
```

答疑解惑　程序第5行、第6行和第8行的代码，表示从键盘输入数值和显示程序
运行结果。在使用该代码前，必须要定义命名空间，即添加程序第2行代码，因为cin和
cout包含在std(标准)命名空间中。如果没有定义命名空间，程序编译时会报错。

案例 10　时间换算效率高

案例知识：算法和流程图

今天，数学老师问了学生这样一个问题：体育中考就快到了，体育老师测试学生
的1000米长跑，他用计时表记录下了每个学生的跑步时间，刘小豆一共用了4分27秒
跑完全程，现在刘小豆想知道这个时间总共是多少秒。你能编写一个程序来进行时间换
算吗？

1. 案例分析

提出问题　要想编写一个时间换算程序，需要思考的问题如下。

> (1) 当前时间是5分30秒，你能换算出这个时间共多少秒吗?
>
> (2) 当你对一个时间进行换算时，能推导出它的计算公式吗?

思路分析　程序要实现的功能是将时间换算成秒数，如刘小豆的跑步时间为4分27秒，要将其转换成秒数，并让计算机屏幕显示出来，也就是程序输出4乘以60再加27的结果。

2. 案例准备

算法设计　当我们遇到一个问题时，首先要思考的是解决该问题的方法和步骤，这就是算法。比如前面的案例，都是用自然语言把解决问题的过程一步一步地列出来，再将算法的每一步用C++编程语言来实现。

流程图　程序流程图是一种图形化的表达方式，其图形表达的过程就是问题分析的过程。流程图由两部分组成：一是箭头，箭头代表程序的走向；二是图形，不同的图形有不同的含义，具体如下表所示。

图形	名称	功能
	起始/终止框	程序起始或终止的标志
	处理框	对程序的执行
	输入/输出框	输入或输出数据
	判断框	对条件进行判断
	箭头	算法运行的方向

算法设计 本案例的任务是进行时间换算，并将换算结果输出到计算机屏幕上。根据上面的思考与分析，请对下面的流程图进行完善。

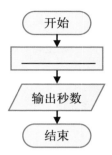

3. 案例实施

编写程序 根据算法设计，时间换算的程序代码如下图所示。

```cpp
1   #include<iostream>          // 包含头文件
2   using namespace std;        // 定义命名空间
3   int main(){
4       int t;
5       t=4*60+27;              // 进行时间换算
6       cout<<"4分27秒换算成秒数为：";
7       cout<<t<<"秒"<<endl;    // 输出秒数
8       return 0;
9   }
```

测试程序 运行程序，屏幕显示时间换算的结果，如下图所示。

```
4分27秒换算成秒数为：267秒

--------------------------------
Process exited after 0.1014 seconds with return value 0
请按任意键继续. . .
```

答疑解惑 程序第5行代码的含义是将时间换算成秒数，它代表程序的执行过程，因此画流程图时用处理框表示；而程序第7行代码的含义是输出秒数，它代表程序正在输出数据，因此画流程图时用输入/输出框表示。因为不同的代码表示不同的含义，所以画流程图时要用相应的框图来对应相应的代码。

案例 11 显示考生的信息

案例知识：转义字符

方舟中学计划举办一次七年级生物竞赛活动，学校已经收集到参加本次竞赛活动的学生个人信息，包括姓名、性别等，后续还要对这些信息进行整理，整理完成后制作考生的准考证。现在请你帮学校编写一个程序，将整理后的考生信息按照设计的格式在计算机屏幕上显示出来。

1. 案例分析

提出问题 要想在计算机屏幕上按照设计的格式显示考生的信息，需要思考的问题如下。

> (1) 如何设计考生信息的输出格式？
>
> (2) 如何换行输出考生的其他信息？

思路分析 以输出考生刘小豆的信息为例，按照在纸上设计的格式来编写程序。要求在第1行输出考生姓名后换行；在第2行输出考生性别后换行；在第3行输出考生编号后换两行；在最后三行分别输出考试科目、考试时间和考试地点。程序编写完成后，运行程序，输出考生信息。

2. 案例准备

转义字符 转义字符常常表示一些特殊的含义，它是以右斜杠开头的特殊字符来表示的，常用的转义字符如下。

转义字符	含义	转义字符	含义
\n	换行	\r	回车
\t	横向跳格	\\	反斜杠
\ddd	表示1到3位八进制数字	\xhh	表示1到2位十六进制数字

算法设计 根据前面的分析，需要在程序中使用转义字符来设计考生信息的输出格式，具体设计步骤如下。

第一步：在第一行输出考生姓名，按转义字符“\n”换行。

第二步：在第二行输出考生性别，按转义字符“\n”换行。

第三步：在第三行输出考生号，按转义字符“\n\n”换两行。

第四步：在最后三行分别输出考生的考试科目、考试时间和考试地点，最后运行程序，在计算机屏幕上显示考生信息。

3. 案例实施

编写程序 根据算法设计，输出考生信息的程序代码如下图所示。

```
#include<iostream>                              // 包含头文件
using namespace std;                            // 定义命名空间
int main(){
    cout<<"姓名：刘小豆\n";                     // 输出考生姓名后换行
    cout<<"性别：男\n";
    cout<<"考生号：340012\n\n";                 // 输出考生号后换两行
    cout<<"考试科目：生物\n";
    cout<<"考试时间：2023.1.12 14:00\n";
    cout<<"考试地点：综合楼四楼403室";          // 输出考试地点
    return 0;
}
```

测试程序 运行程序，在计算机屏幕上显示考生刘小豆的信息，其运行结果如下图所示。

```
姓名：刘小豆
性别：男
考生号：340012

考试科目：生物
考试时间：2023.1.12 14:00
考试地点：综合楼四楼403室
--------------------------------
Process exited after 0.05942 seconds with return value 0
请按任意键继续. . .
```

答疑解惑　当使用转义字符时，一定要用英文双引号将转义字符括起来，如程序的第 4 ~ 8 行代码，转义字符"\n"放在了英文双引号的里面。如果将其放在英文双引号的外面，程序编译时会发生错误。

案例 12　调料交换有方法

案例知识：顺序结构

今天，刘小豆的妈妈去超市买了一条大鲫鱼，准备给家人煲汤。中午刘小豆喝汤时发现汤太咸了，查找原因发现，原来是妈妈错将食盐放在家中标有鸡精的罐子当中，而家中标有食盐的罐子却装了鸡精，如何将食盐和鸡精进行交换呢？请你编写一个程序，模拟食盐和鸡精的交换过程。

1. 案例分析

提出问题　要模拟食盐和鸡精的交换过程，需要思考如下问题。

> (1) 能不能将食盐和鸡精直接交换？
>
> (2) 食盐和鸡精如何交换，生活中有没有类似的例子可以参考？

思路分析　假设用字母 s 代表装食盐的罐子，用字母 j 代表装鸡精的罐子，现在两个罐子里面的东西装错了，字母 s 里面装了鸡精，而字母 j 里面装了食盐。要交换两者，可以准备一个空罐子作为临时中转来使用，用字母 t 表示。实现交换的流程为 t=s; s=j; j=t，即首先将字母 s 里面的鸡精倒入字母 t 中，再将字母 j 里面的食盐倒入字母 s 中，最后将字母 t 里面的鸡精倒入字母 j 中，完成交换。

2. 案例准备

顺序结构　顺序结构是程序的三种基本结构之一，它的程序设计最为简单，只要按照解决问题的顺序写出相应语句即可。它按照自顶而下的顺序依次执行程序中的语句，即程序代码只能一条一条往下执行，其执行过程相当于一条大路走到底，没有岔路口。

另外两种结构(分支结构和循环结构)，我们将在后面的章节中学习。

算法设计　根据上面的思考与分析，设计的算法流程如下。

第一步：输出交换前的结果，并准备一个空罐子，用字母t表示。

第二步：用字母s代表装食盐的罐子，现在里面装了鸡精，执行操作t=s，即将食盐罐子里的鸡精倒入空罐子中。

第三步：用字母j代表装鸡精的罐子，现在里面装了食盐，执行操作s=j，即将鸡精罐子里的食盐倒入食盐罐子中。

第四步：执行操作j=t，即将鸡精倒入鸡精罐子中，完成交换，并输出交换后的结果。

3. 案例实施 🍶

编写程序　根据算法设计，模拟食盐和鸡精交换过程的程序代码如下图所示。

```
1    #include<iostream>           // 包含头文件
2    #include<string>
3    using namespace std;         // 定义命名空间
4    int main(){
5        string s,j,t;
6        s="鸡精";
7        j="食盐";
8        cout<<"交换前：";
9        cout<<"s="<<s<<" j="<<j<<endl;
10       t=s;                     // 将s的值赋给t
11       s=j;                     // 将j的值赋给s
12       j=t;                     // 将t的值赋给j
13       cout<<"交换结果：";
14       cout<<"s="<<s<<" j="<<j;  // 输出交换后的结果
15       return 0;
16   }
```

测试程序　程序代码编写完成后，编译运行程序，其运行结果如下图所示。

```
交换前：s=鸡精 j=食盐
交换结果：s=食盐 j=鸡精
--------------------------------
Process exited after 0.6417 seconds with return value 0
请按任意键继续. . .
```

答疑解惑　程序的核心是第10、11、12行代码，这3行代码的顺序不能弄反，如果弄乱顺序，比如将第10行代码和第11行代码交换顺序，即先将鸡精罐子中的食盐倒入食盐罐子，这时食盐罐子里不仅有食盐，还有鸡精，显然不符合题意，后面也无法交换两个罐子里的东西，程序运行的结果会产生错误。

第 2 章

筑牢根基——语言基础

通过第 1 章编程环境的搭建，我们已经了解了如何去编写一个简单的 C++ 程序，但这只是对编程的初步认识，要真正学会编程，并用它解决实际问题，还需要学习 C++ 语言的基础知识。

俗语说，万丈高楼平地起，学习编程也要从基础做起，本章将介绍常量、变量、运算符，以及常用的数据类型，让我们一起来系统地学习这些编程知识吧！

学习内容

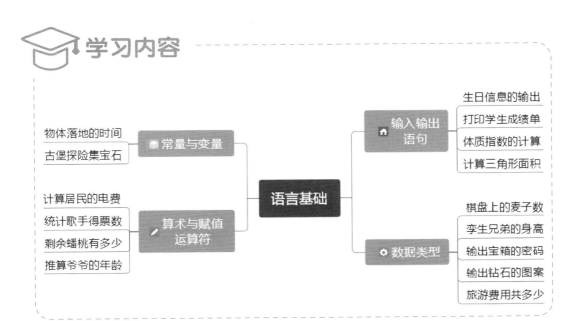

案例 13 物体落地的时间

案例知识：常量的定义

今天，物理老师问了刘小豆这样一个问题：在地球引力的作用下，物体由静止开始做自由落体运动。在真空实验室中，让羽毛和保龄球在同一高度同时落下，这两个物体为什么会同时落地呢？它们的落地时间又是多少呢？请编写一个程序，计算两个物体同时落地的时间。

1. 案例分析

提出问题　要计算保龄球和羽毛的落地时间，需要思考如下问题。

> (1) 如何计算两个物体的落地时间？
>
> (2) 时间计算中，需要考虑哪些因素？哪些因素是固定不变的？

思路分析　真空环境下羽毛和保龄球受到的空气阻力是忽略不计的，因此物体的质量大小不会影响自身下落的时间。按照题目的要求，已知两个物体下落的距离，求它们落地的时间。要解决这个问题，需要由位移的计算公式推导出时间的计算公式，并利用公式计算出两个物体的下落时间，另外公式中使用的重力加速度是一个常数，可以定义一个常量来存储它。

2. 案例准备

常量类型　常量一般包括整型常量、实型常量和字符常量等。其中，表示整数的常量称为整型常量，如3、–5等；表示实数的常量称为实型常量，如3.14、4.5等；用英文单引号括起来的字符称为字符常量，如'k'、'5'等。

符号常量　常量的命名要符合一定的规范，并具有明确的含义，如上述程序中定义的常量名G，一看到它就会想到是重力加速度。C++语言可以用标识符定义一个常量，称之为符号常量，符号常量能增强程序的可读性，方便程序的后续维护。习惯上，符号常量名用大写字母表示。

格式1: const 类型说明符 常量名=常量值;
例: "const int T=2;" 表示定义常量T=2
格式2: #define 符号常量名 常量值
例: "# define PI 3.14" 表示定义PI为3.14

算法设计 编写程序时需要定义一个常量G,表示重力加速度,然后依据常量G和输入的高度h,并利用时间的计算公式求解出两个物体的下落时间t。根据上面的思考与分析,完成如下图所示的算法流程图设计。

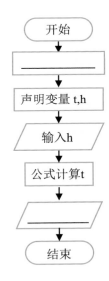

3. 案例实施

编写程序 根据算法流程图,计算物体落地时间的程序代码如下图所示。

```
1  #include <iostream>
2  #include <cmath>
3  using namespace std;
4  const float G=9.8;                       // 定义常量G
5  int main(){
6      float t,h;                           // 定义两个浮点型变量
7      cin>>h;                              // 将整数10存入变量h
8      t=sqrt((2*h)/G);                     // 利用公式计算时间t
9      cout<<"羽毛球和保龄球的下落时间为"<<t<<"秒";
10     return 0;
11 }
```

测试程序　运行程序，查看物体落地时间，当输入下落高度为10米时，程序运行结果如下图所示。

```
羽毛和保龄球的下落时间为1.42857秒
--------------------------------
Process exited after 1.65 seconds with return value 0
请按任意键继续. . .
```

答疑解惑　程序中已知量是输入的高度，测试时可以根据键盘提示，输入高度值即可。由于重力加速度的值是固定不变的，所以将其定义为符号常量，并命名为 G。另外，在输入的语句中，如果不包含cmath头文件，运行程序时会出错。

案例 14　古堡探险集宝石

案例知识：变量的定义

海丽是一名探险家，这天她去一座古堡探险，古堡里共有七颗宝石，海丽收集完古堡的宝石后，用两颗宝石与商家兑换了一些生活用品，又用三颗宝石换了哈利的一颗宝石，你能算出海丽手里现在还剩几颗宝石吗？请编写一个程序，输出剩余的宝石数量。

1. 案例分析

提出问题　要计算剩余的宝石数量，需要思考的问题如下。

 (1) 如何存放收集的宝石数量？

 (2) 如何更改收集的宝石数量？

思路分析　定义 3 个整型变量 shouji、gubao、hbshi，分别用于存放剩余宝石数量、古堡的宝石数量、哈利的宝石数量。经过变量交换并计算，更改变量 shouji 的值，最后输出剩余宝石数量的值。

2. 案例准备

变量类型　一般有整型、实型和字符型，用户也可以自定义各种类型。一经定义，系统就会在计算机内存中为定义的变量分配一个存储空间，当使用变量的时候，会在相应的内存中存入或取出数据。

变量定义　C++ 中定义变量的格式如下。

格式：数据类型　变量名1;

功能：在内存中分配了名为变量名1的指定数据类型空间。

例："int t;"表示在内存中开辟一个数据类型为整型，变量名为t的空间。

算法设计　根据上面的思考与分析，算法流程如下。

第一步：定义整型变量 shouji、gubao、hbshi。

第二步：为变量 gubao、hbshi 赋初始值。

第三步：计算剩余宝石数，对变量 shouji 的值进行更改，并输出变量值。

3. 案例实施

编写程序　根据设计的算法，收集宝石的程序代码如下图所示。

```
1  #include <iostream>
2  using namespace std;
3  int main(){
4      int shouji;                    // 定义名为shouji的整型变量
5      int gubao=7;                   // 定义名为gubao的整型变量，并赋值为7
6      int hbshi=1;
7      shouji=gubao;                  // 将gubao变量的值赋值给shouji变量
8      shouji=shouji-2;
9      shouji=shouji-3+hbshi;
10     cout<<"海丽还剩";              // 输出shouji变量的值
11     cout<<shouji<<"颗宝石"<<endl;
12     return 0;
13 }
```

测试程序　运行程序，将剩余的宝石数量显示在计算机屏幕上，如下图所示。

```
海丽还剩3颗宝石
------------------------------
Process exited after 0.03868 seconds with return value 0
请按任意键继续. . .
```

答疑解惑　程序中定义的变量名需要遵守一定的命名规则，如变量名中只能出现大小写字母、数字或下画线；变量名中第一个字符不能是数字，不能含有其他符号；变量名不能是C++关键字等。如果给变量取名时不符合这些规则，则程序运行时会发生错误。

<table>
<tr><td>案例
15</td><td>计算居民的电费
案例知识：算术运算符</td></tr>
</table>

为了倡导居民节约用电，A市电力公司将居民的用户电价分为2个阶梯：月用电量50千瓦时(含50千瓦时)以内的，电价为0.53元/千瓦时；超过50千瓦时，电价上调0.05元/千瓦时。本月刘小豆家用电量为70千瓦时，请编写一个程序，计算出刘小豆家本月的电费。

1. 案例分析

提出问题　要计算刘小豆家的用电费用，需要思考如下问题。

　(1) 如何计算刘小豆家这个月的电费？

　(2) 计算电费的数学表达式是什么？

思路分析 定义变量dfei、ydian、djia，分别存储电费、用电量、电价。依据题意，使用算术表达式求出电费，并存储在变量dfei中，最后输出刘小豆家本月的电费。

2. 案例准备

算术运算符 C++中的运算符，与数学的运算符号不太一样，其运算符号如下。

运算符：+(加号)、-(减号)、*(乘号)、/(除号)、%(求余符号)
例：3+4；5-4；5*4；6/3；7%2；6+12/2-6%3+7*5。

算术表达式 用算术运算符和小括号将运算对象连接起来的式子，称为算术表达式。算术运算符有一定的优先级别，算术表达式有小括号的要先计算小括号内的，再乘除，最后加减，同一级别的算术运算符从左往右计算。

算法设计 根据上面的思考与分析，算法流程如下。

第一步：定义3个实型变量dfei、ydian、djia。

第二步：给变量ydian、djia赋上初始值。

第三步：列出计算电费的算术表达式，求出费用并将其存储在变量dfei中。

第四步：在屏幕中输出变量dfei的值。

3. 案例实施

编写程序 根据设计的算法，计算电费的程序代码如下图所示。

```
1  #include <iostream>
2  using namespace std;
3  int main(){
4      float dfei,ydian,djia;        // 定义变量dfei、ydian、djia
5      ydian=70;
6      djia=0.53;                    //给变量djia赋值
7      dfei=50*0.53+(ydian-50)*(djia+0.05);   //计算电费
8      cout<<"本月用电费用="<<dfei<<"元";      //输出dfei变量的值
9      return 0;
10 }
```

测试程序 运行程序，将本月电费显示在计算机屏幕上，如下图所示。

```
本月用电费用=38.1元
------------------------------
Process exited after 1.212 seconds with return value 0
请按任意键继续. . .
```

答疑解惑 计算电费的算术表达式要遵循一定的规则，先按运算符的优先级别的高低次序执行，如先乘除后加减。有小括号的，要先计算小括号内的内容，相同级别的算术运算符为"自左至右"。所以，计算超出的费用时要加上小括号，如果不加，则计算的结果会发生错误。

案例 16	统计歌手得票数
	案例知识：特殊的算术运算符

方舟中学正在举行"校园好声音"比赛，歌手演唱完毕后，评委根据歌手的表现进行投票。当评委投赞同票时，歌手的得票数就会增加 1 票；而评委投反对票时，歌手的得票数则会减少 1 票。试编程统计歌手的得票数。

1. 案例分析

提出问题 要统计歌手的得票数，需要思考如下问题。

 (1) 歌手一共得到了多少票？

 (2) 如何统计得票数的变化？

　　思路分析　定义变量jshu，并赋值为0，每当有一位评委投赞同票时，运行一次语句"jshu++;"，选手得票数就会增加一票；每当有一位评委投反对票时，运行一次语句"jshu--;"，选手得票数就会减少一票。变量jshu相当于"投票计数器"，起到统计歌手票数的作用。

2. 案例准备

　　自增运算符　自增运算符用来对一个运算数进行加1运算，运算数必须是变量，其运算结果仍然赋予该运算数。如"i++;"表示在使用i之后，使i的值加1；而"++i;"表示先使i的值加1，再使用i。

　　自减运算符　自减运算符用来对一个运算数进行减1运算，运算数必须是变量，其运算结果仍然赋予该运算数。如"i--;"表示在使用i之后，使i的值减1；而"--i;"表示先使i的值减1，再使用i。

　　算法设计　根据上面的思考与分析，算法流程如下。

　　第一步：定义变量tpiao和jshu，并将变量jshu赋值为0。

　　第二步：根据评委的投票情况，对变量jshu的值进行自加或减。

　　第三步：在屏幕中输出变量jshu的值。

3. 案例实施

　　编写程序　根据设计的算法，计算歌手得票数的程序代码如下图所示。

```cpp
1  #include <iostream>
2  using namespace std;
3  int main(){
4      int tpiao,jshu=0;          // 定义变量tpiao、jshu
5      cin>>tpiao;                // 评委1投赞同票，输入1
6      jshu++;                    // 歌手得票数增加1票
7      cin>>tpiao;                // 评委2投赞同票，输入1
8      jshu++;                    // 歌手得票数增加1票
9      cin>>tpiao;                // 评委3投反对票，输入0
10     jshu--;                    // 歌手得票数减少1票
11     cin>>tpiao;                // 评委4投赞同票，输入1
12     jshu++;                    // 歌手得票数增加1票
13     cout<<"歌手得票数为："<<jshu;   // 输出歌手最终得票数
14     return 0;
15 }
```

测试程序　运行程序，依次输入每个评委的投票结果，最终歌手的得票数如下图所示。

答疑解惑　程序中使用的"jshu++;"语句与"++jshu;"语句的效果一样，是将jshu变量的值加1。如果把语句改为"i=jshu++;"与"i=++jshu;"，则程序运行的结果不一样，其中"i=jshu++;"是将变量jshu的值赋给变量i之后，再将变量jshu的值加1，假设jshu的初始值为1，这时jshu的值为2，而i的值为1；而"i=++jshu;"是将变量jshu的值先自加1，再将变量jshu的值赋给i，假设jshu的初始值为1，这时jshu的值为2，i的值也为2。

案例 17　剩余蟠桃有多少

案例知识：赋值运算符

美猴王孙悟空带着蟠桃回到花果山给小猴子们分，其中一个小猴子分到了40个蟠桃，第一天小猴子吃了一半，第二天也是如此，第三天它吃了一半又多吃了一个。你能算出第三天小猴子还剩下多少个蟠桃吗？请编写一个程序，统计剩余的蟠桃数量。

1. 案例分析

提出问题　要统计剩余的蟠桃数量，需要思考如下问题。

　(1) 小猴一共吃了多少个蟠桃？

　(2) 第三天到底还剩多少个蟠桃呢？

　　思路分析　定义整型变量shu、day1、day2和day3，分别存储蟠桃总数、第一天剩余的蟠桃数、第二天剩余的蟠桃数和第三天剩余的蟠桃数。经过计算，第一天的剩余蟠桃数量是蟠桃总数的一半，将其存储在day1变量中，依此类推，计算并输出第三天剩余的蟠桃数。

2. 案例准备

　　赋值运算符　在C++程序中，简单赋值运算可以通过"="实现。"="称为赋值运算符，不同于数学中的等号，赋值语句格式如下。

> **格式**：变量=值(表达式的值);
> **功能**：把右边的值或表达式的值赋给左边的变量。
> **例**："c=a-b;"表示把a和b相减的值赋给变量c。

　　赋值表达式　用赋值运算符"="将变量和表达式连接起来的式子，称为赋值表达式，如"a=a+(b-c)+c*3;"表示将右边表达式的值赋给左边的变量a。赋值运算符可以连续使用，如"a=b=c=6;"表示a、b、c的值全都是6。

　　算法设计　根据前面的分析，编写程序时需要4个变量shu、day1、day2和day3，分别表示蟠桃总数、第一天剩余的蟠桃数、第二天剩余的蟠桃数和第三天剩余的蟠桃数。然后依据题意，对这些变量的值进行计算，将运算结果存储在day3变量中并输出。根据上面的思考与分析，完成如下图所示的算法流程图设计。

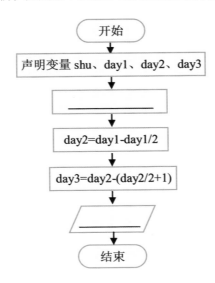

3. 案例实施

　　编写程序　根据算法流程图，统计蟠桃剩余数量的程序代码如下图所示。

```
1    #include <iostream>
2    using namespace std;
3    int main(){
4        int shu,day1,day2,day3;          // 定义变量shu、day1、day2、day3
5        shu=40;                          // 变量shu为40
6        day1=day2=day3=0;                // 变量day1、day2、day3赋值为0
7        day1=shu-shu/2;                  // 变量day1存储第一天剩余的蟠桃数目
8        day2=day1-(day1/2);              // 变量day2存储第二天剩余的蟠桃数目
9        day3=day2-(day2/2+1);            // 将剩余的蟠桃数存储在变量day3中
10       cout<<"第三天剩余的蟠桃数："<<day3; // 输出剩余的蟠桃数
11       return 0;
12   }
```

测试程序　编译运行程序，输出剩余的蟠桃数，其运行结果如下图所示。

```
第三天剩余的蟠桃数：4
--------------------------------
Process exited after 0.05315 seconds with return value 0
请按任意键继续. . .
```

答疑解惑　所有的赋值表达式是不允许和变量定义放在一起的，如果将程序中使用的"day1=day2=day3=0;"语句改为"int day1=day2=day3=0;"，程序编译时会发生错误。不过，C++程序对单个变量定义并赋值是允许的，如"int a=10;"，程序编译时不会发生错误。

案例 18　推算爷爷的年龄

案例知识： 特殊的赋值运算符

小丽的爷爷今天过生日，参加生日宴的时候，亲朋好友问起爷爷的年龄，爷爷说，孙女今年13岁，妈妈的年龄是她的3倍，爸爸又比妈妈大4岁，奶奶比爸爸大22岁，自己比奶奶小2岁，那么爷爷的年龄到底是多少呢？试编程求出爷爷的年龄。

1. 案例分析

提出问题　要想求出爷爷的年龄，需要思考如下问题。

(1) 根据其他人的年龄，你能推算出爷爷的年龄吗？

　(2) 用几个变量来保存计算结果？

思路分析　定义变量age，并赋值为13，首先乘以3，求出妈妈的年龄，再累加4，求出爸爸的年龄，依此类推，最后求出爷爷年龄，并输出。

2. 案例准备

复合赋值运算符　在C++语言中，除了"="赋值运算符外，还有复合赋值运算符，它将算术运算符和赋值运算符有效地结合在一起。常见的复合赋值运算符有+=、-=、*=、/=和%=，格式如下。

> **格式：** 变量 复合赋值运算符 表达式;
> **功能：** 把右边的表达式的值赋给左边变量。
> **例：** "a+=7;"相当于a=a+7，现将a的值加7，再赋给a。

算法设计　根据前面的分析，编写程序时需要1个变量age，用来记录爷爷的年龄，然后依据其他人的年龄，推算出爷爷的年龄，将其值保存在变量age中并输出。根据上面的思考与分析，完成如下图所示的算法流程图设计。

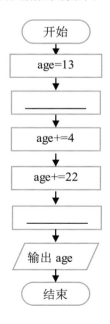

3. 案例实施

编写程序　根据算法流程图，推算爷爷年龄的程序代码如下图所示。

```
1   #include <iostream>
2   using namespace std;
3   int main(){
4       int age=13;              // 定义变量age，并赋值为13
5       age*=3;                  // 求出妈妈的年龄
6       age+=4;                  // 求出爸爸的年龄
7       age+=22;                 // 求出奶奶的年龄
8       age-=2;                  // 求出爷爷的年龄
9       cout<<"爷爷今年"<<age<<"岁";  // 输出爷爷的年龄
10      return 0;
11  }
```

测试程序　运行程序，根据爸爸、妈妈和奶奶的年龄，推算出爷爷的年龄，并输出推算结果，程序运行结果如下图所示。

```
爷爷今年63岁
--------------------------------
Process exited after 0.7298 seconds with return value 0
请按任意键继续. . .
```

答疑解惑　程序中使用复合赋值运算符参与运算时，编写程序的"+"和"="之间千万不能加空格，否则程序在运行时会出现错误。另外，赋值运算符的优先级比算术运算符的优先级低，如"c*=(t+12);"，先将括号内变量t的值加12，再和变量c的值相乘，最后将计算结果赋值给变量c。

案例 19　生日信息的输出

案例知识：cout输出语句

方舟中学计划在每一位老师过生日时赠送一份生日礼物，学校已经收集了老师们的个人信息，包括姓名、性别、出生日期等，但是这些信息很凌乱，需要进一步整理。请编写一个程序，将收集到的信息整理并打印出来。

1. 案例分析

提出问题　要输出老师的生日信息,需要思考如下问题。

　　(1) 生日卡信息的格式是什么样的?

　　(2) 如何输出多行数据?

思路分析　定义字符串变量name、xbie和riqi,分别保存老师的姓名、性别和出生日期,输出第一行姓名和性别后换行,在第二行输出出生日期。

2. 案例准备

cout输出语句格式　在C++语言中,要在cout后加上运算符"<<",其基本格式如下。

> **格式:** cout<<表达式1<<……;
> **功能:** 输出表达式1的值。
> **例:** "cout<<a+b;",输出变量a加变量b的值。

cout语句换行　在C++语言中,当cout输出多行数据时,要引入换行命令endl,如"cout<<a<<endl;cout<<b;"表示先输出变量a的值,换行输出变量b的值。

算法设计　根据前面的分析,编写程序时需要3个变量name、xbie和riqi,分别表示老师的姓名、性别和出生日期,然后给这些变量赋值并输出。根据上面的思考与分析,完成如下图所示的算法流程图设计。

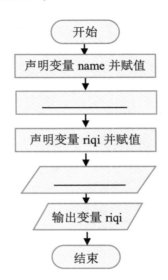

3. 案例实施

编写程序 根据算法流程图，输出老师生日信息的程序代码如下图所示。

```
1   #include <iostream>
2   using namespace std;
3   int main(){
4       string name,xbie;          // 定义变量name、xbie
5       name="刘小娟";              // 给变量name赋值
6       xbie="女";                  // 给变量xbie赋值
7       string riqi;
8       riqi="1989年5月8日";        // 给变量riqi赋值
9       cout<<"姓名："<<name<<"  性别："<<xbie<<endl;
10      cout<<"出生年月："<<riqi;    // 输出出生日期
11      return 0;
12  }
```

测试程序 运行程序，在计算机屏幕上显示刘小娟的生日信息，其运行结果如下图所示。

```
姓名：刘小娟  性别：女
出生年月：1989年5月8日
--------------------------------
Process exited after 0.04513 seconds with return value 0
请按任意键继续. . .
```

答疑解惑 当在程序中输出字符串时，要用英文双引号把字符串引起来，以便和变量名区分。如 "cout<<"name";"，其功能是输出字符串name；而 "cout<<name;" 则是把变量name的值输出到屏幕上。

案例 20 打印学生成绩单

案例知识：printf格式输出

期末考试结束了，学校要发布每个学生的各科成绩，输出的格式要求为：第一行输出姓名和学科名称的字段名称，第二行输出对应学生的姓名和学科的分数。试编写一个程序，按格式要求输出自己的各科成绩。

1. 案例分析

提出问题 要输出学生的各科成绩，需要思考如下问题。

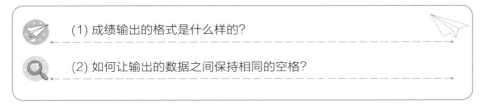

(1) 成绩输出的格式是什么样的？

(2) 如何让输出的数据之间保持相同的空格？

思路分析 定义整型变量ywen、sxue和yyu，分别表示学生的语文、数学和英语成绩，输出第一行姓名和学科名称后换行，在第二行按格式输出相应的值。

2. 案例准备

printf函数格式 在C++语言中，printf函数的含义是向终端输出数据，其基本格式如下。

> **格式**：printf("格式控制符",输出列表);
>
> **功能**：按照指定的格式输出数据。
>
> **例**："printf("%d",a);"，输出整型变量a的值。

printf格式控制　在C++语言中，printf函数的格式控制由"%"和格式字符组成，常见的格式字符如下。

格式字符	说　明
%d	按十进制整型数据的实际长度输出
%md	按指定的数据宽度m输出
%c	输出一个字符
%f	输出实数时，整数部分全部输出，小数部分输出6位
%.mf	输出实数时，小数点保留后m位
%o	以八进制整数形式输出
%x	以十六进制整数形式输出

printf函数换行输出　在C++语言中，printf函数中使用换行符"\n"完成换行操作，如"printf("78\n87");"表示先输出78，换到下一行输出87。

算法设计　根据上面的思考与分析，算法流程如下。

第一步：定义整型变量ywen、sxue和yyu，并分别给变量赋值。

第二步：输出姓名和学科名称。

第三步：换行后，按设定的数据宽度输出语文、数学和英语成绩。

3. 案例实施

编写程序　根据设计的算法，输出学生成绩单的程序代码如下图所示。

```
1   #include <iostream>
2   using namespace std;
3   int main(){
4       int ywen=98,sxue=93,yyu=86;        // 定义变量ywen、sxue和yyu
5       printf("姓名 语文 数学 英语");      // 输出姓名和学科名称
6       printf("\n");                       // 换行
7       printf("丽丽");
8       printf("%4d",ywen);                 // 按格式输出语文成绩
9       printf("%5d",sxue);                 // 按格式输出数学成绩
10      printf("%5d",yyu);                  // 按格式输出英语成绩
11      return 0;
12  }
```

测试程序　运行程序，在计算机屏幕上显示丽丽的成绩单，其运行结果如下图所示。

```
姓名 语文 数学 英语
丽丽  98   93   86
----------------------------------
Process exited after 1.303 seconds with return value 0
请按任意键继续. . .
```

答疑解惑　当在程序中使用prinf输出函数控制格式时，在第 8 行语句中，双引号中的"4"代表按照设定的宽度输出数据，如果数据达不到设定的宽度，左补空格，通过这种方法，可以控制数据格式的输出。

案例 21　体质指数的计算
案例知识：cin输入语句

刘小豆在使用身体质量测试仪时发现，测试仪除了显示具体的数值外，还会给出"你太胖了""你的体型很标准"等语音提示，这是通过仪器测量出的BMI值来判定的。身体质量指数BMI是用体重除以身高的平方得出的数字，它是国际上常用的衡量人体胖瘦程度以及身体是否健康的一个标准。请编写一个计算BMI值的程序，输入刘小豆身高和体重的值，显示计算出的BMI值。

1. 案例分析

提出问题　要计算出刘小豆的BMI值，需要思考如下问题。

　(1) 若刘小豆身高为1.69米，体重53.8千克，他的BMI值是多少？

　(2) 如何将身高和体重的值输入计算机中？

思路分析　定义实型变量sg和tz，分别保存刘小豆的身高和体重，其值通过键盘输入，依据输入的值和计算公式求出刘小豆的BMI值，最后将BMI值输出到屏幕上。

2. 案例准备 📐

cin输入语句格式　在C++语言中，要在cin后加上输入运算符"＞＞"，其基本格式如下。

> **格式**：cin＞＞变量1＞＞……;
>
> **功能**：从键盘输入多个数据，并将其赋给对应的变量。
>
> **例**："cin＞＞a＞＞b;"，表示从键盘输入两个数给a和b。

算法设计　根据上面的思考与分析，算法流程如下。

第一步：通过cin语句输入数值，分别保存在定义的实型变量sg和tz中。

第二步：依据公式计算BMI，将其值保存在定义的实型变量zs中。

第三步：通过cout语句输出变量zs的值。

3. 案例实施 🔧

编写程序　根据设计的算法，计算BMI值的程序代码如下图所示。

```
1   #include <iostream>
2   using namespace std;
3   int main(){
4       float sg,tz,zs;            // 定义变量sg、tz和zs
5       cout<<"输入身高（单位：米）： ";
6       cin>>sg;                   // 输入身高
7       cout<<"输入体重（单位：千克）： ";
8       cin>>tz;                   // 输入体重
9       zs=tz/(sg*sg);             // 计算BMI值，并赋给变量zs
10      cout<<"BMI值： "<<zs;       // 输出BMI值
11      return 0;
12  }
```

测试程序　运行程序，输入刘小豆的身高和体重的值，其运行结果如下图所示。

```
输入身高（单位：米）：1.69
输入体重（单位：千克）：53.8
BMI值：18.8369
--------------------------------
Process exited after 8.33 seconds with return value 0
请按任意键继续. . .
```

答疑解惑　当在程序中使用cin输入语句时，cin要和输入运算符"＞＞"结合在一起使用。如果将输入运算符"＞＞"写成输出运算符"＜＜"，程序编译时会发生错误。另外，输出运算符"＜＜"是和cout输出语句结合在一起使用的，不能混淆。

计算三角形面积
案例知识： scanf格式输入

　　影响结构稳定性的因素有重心位置的高低、支撑面大小和形状。一般三角形的稳定性比较好，很多建筑物结构的底座都是三角形，如埃及金字塔的底座就是该形状，且底座的三角形面积越大，建筑物结构越稳定。请你编写一个程序，根据输入的底边长和高的值，计算三角形的面积。

1. 案例分析

　　提出问题　要计算三角形的面积，需要思考如下问题。

> 　　(1) 若底边长和高分别为22.3米和31.6米，三角形的面积是多少？
>
> 　　(2) 如何将底边长和高输入计算机中？

　　思路分析　本题要计算三角形的面积，先要将底边长和高都定义成实型变量，它们的值通过键盘输入，再依据输入的值和公式计算出三角形的面积，最后将计算的结果输出到屏幕上。

2. 案例准备

　　scanf输入函数的格式　在C++语言中，scanf输入函数与printf输出函数的格式类似，其基本格式如下。

> **格式**：scanf("格式控制符", 地址列表);
> **功能**：按照指定的格式输入数据。
> **例**："scanf("%d",&a);"，通过键盘输入一个整数，并将其赋给变量a，其中"&"是取地址运算符，表示变量的地址。

scanf格式控制　在C++语言中，scanf函数是标准的库函数，使用前需要在头文件部分加上"#include <cstdio>"或"#include "stdio.h""语句，scanf函数的格式控制由"%"开头，后面跟格式字符，常见的格式字符如下。

格式字符	说明
%d	输入整型数据
%ld	输入long型数据
%c	输入一个字符
%f	输入实数
%s	输入字符串

算法设计　编写程序时需要3个变量di、g和s，分别表示三角形的底边长度、高和面积，然后依据这些变量和三角形面积公式，计算出三角形面积，并显示在计算机屏幕上。根据上面的思考与分析，完成如下图所示的算法流程图设计。

3. 案例实施

编写程序　根据算法流程图，计算三角形面积的程序代码如下图所示。

```
1   #include <cstdio>
2   using namespace std;
3   int main(){
4       float di,gao;                            // 定义变量di和gao
5       float s;                                 // 定义变量s
6       printf("请输入三角形的底边长(单位：米)：");
7       scanf("%f",&di);                         // 输入三角形的底边长
8       printf("请输入三角形的高(单位：米)：");
9       scanf("%f",&gao);                        // 输入三角形的高
10      s=di*gao/2;                              // 计算三角形的面积，并赋给变量s
11      printf("三角形的面积是%f平方米",s);        // 输出三角形的面积
12      return 0;
13  }
```

测试程序　运行程序，输入三角形底边长和高的值，其运行结果如下图所示。

```
请输入三角形的底边长(单位：米)：22.3
请输入三角形的高(单位：米)：31.6
三角形的面积是352.339996平方米
--------------------------------
Process exited after 14.3 seconds with return value 0
请按任意键继续. . .
```

答疑解惑　当在程序中使用scanf输入函数时，函数中的"地址列表"应该是变量地址，而不应是变量名。例如，如果将程序语句"scanf("%d",&gao);"写成"scanf("%d",gao);"，程序编译时会发生错误。

案例 23 棋盘上的麦子数

案例知识：数据类型——整型

刘小豆在上数学课时遇到这样一个问题——相传古印度宰相达依尔是国际象棋的发明者，一次国王因为他的贡献要奖励他，他对国王说："陛下，请你在棋盘上第1格放两粒麦子，第2格四粒，依此类推，后面一格麦子数是前面一格麦子数的两倍，直到摆满棋盘上64格为止"，那么第10格和第32格到底放了多少粒麦子呢？试编写一个程序，计算第10格和第32格里摆放的麦子数。

1. 案例分析

提出问题 要计算第10格和第32格里摆放的麦子数，需要思考如下问题。

 (1) 你能推算出第6格放了多少粒麦子吗？

(2) 每个方格中的麦子数有没有规律，能推导出计算公式吗？

思路分析 已知后面一格麦子数是前面一格麦子数的两倍，推算出第10格和第32格存放的麦子数分别是2^{10}和2^{32}。由于2个格的麦子数相差很大，在定义变量时，不能定义为同一个数据类型，需要考虑在计算机内存中开辟的空间大小，所以分别定义整型变量和超长整型变量，最后将第10格和第32格的麦子数目分别保存到整型变量和超长整型变量中。

2. 案例准备

定义整型 在C++语言中，整型变量要先定义再使用，其基本格式如下。

> 格式：int 变量名;
> 功能：开辟一个整型长度的内存空间，并为该空间定义一个对应的名字，整数范围是-2147483648～2147483647。
> 例："int a;"，定义整型变量，变量名为a。

定义超长整型 在C++语言中，定义超长整型变量可以在计算机内存中开辟一个更大的空间，其基本格式如下。

> 格式：long long 变量名;
> 功能：开辟一个超长整型长度的内存空间，并为该空间定义一个对应的名字，整数范围是-9223372036854775808～9223372036854775807。
> 例："long long b;"，定义超长整型变量，变量名为b。

整型数取值范围 常用的整型变量有短整型(short)、整型(int)、长整型(long)和超长整型(long long)，其取值范围如下。

数据类型	名称	占字节数	数据范围
短整型	short	2(16位)	$-2^{15} \sim 2^{15}-1$
整型	int	4(32位)	$-2^{31} \sim 2^{31}-1$
长整型	long	4(32位)	$-2^{31} \sim 2^{31}-1$
超长整型	long long	8(64位)	$-2^{63} \sim 2^{63}-1$

算法设计　根据上面的思考与分析，算法流程如下。

第一步：定义整型变量和超长整型变量，分别命名为n10和n32。

第二步：计算2^{10}和2^{32}，将其值分别保存在变量n10和n32中。

第三步：在屏幕上输出变量n10和n32的值。

3. 案例实施 🔩

编写程序　根据设计的算法，统计方格中麦子数的程序代码如下图所示。

```cpp
1  #include <iostream>
2  #include <cmath>
3  using namespace std;
4  int main(){
5      int n10;                              // 定义变量n10
6      long long n32;                        // 定义变量n32
7      n10=pow(2,10);                        // 计算第10格存放的麦子数
8      n32=pow(2,32);
9      cout<<"第10格麦子数："<<n10<<endl;
10     cout<<"第32格麦子数："<<n32;          // 输出第32格存放的麦子数
11     return 0;
12 }
```

测试程序　运行程序，统计方格中的麦子数，并将统计的结果显示在计算机屏幕上，其运行结果如下图所示。

```
第10格麦子数：1024
第32格麦子数：4294967296
--------------------------------
Process exited after 2.336 seconds with return value 0
请按任意键继续. . .
```

答疑解惑　当在程序中使用pow函数进行N次方的运算时，使用前需要在头文件部分加上"#include <cmath>"或"#include <cmath.h>"语句，否则程序编译时会发生错误。

<table>
<tr><td>案例
24</td><td>孪生兄弟的身高
案例知识：数据类型——实型</td></tr>
</table>

童话里，有一对孪生兄弟，弟弟的身高为176厘米，而哥哥的身高却有624174836485678912345678123456789123 41235厘米。两兄弟永远无法在一个房间中生活，所以他们总是因为身高问题而烦恼。试编写一个程序，将这对孪生兄弟的身高存储到计算机中，并输出。

 1. 案例分析

提出问题　要输出孪生兄弟的身高，需要思考如下问题。

> (1) 使用什么数据类型来存储身高？
>
> (2) 如何定义两个差距较大的数据？

思路分析　将兄弟俩的身高单位由厘米转换成米后，他们俩的身高数据都是实数。弟弟的身高是一个很小的实数，定义float类型即可，但对于哥哥的身高来说，为避免出错，应定义为double类型。

2. 案例准备

　　定义单精度浮点型　在C++语言中，要存储小数，需要定义浮点型变量，其基本格式如下。

> **格式**：float 变量名;
>
> **功能**：开辟一个单精度长度的实型内存空间，并为该空间定义一个对应的名字，存放实数的范围是-3.4×10^{38}～3.4×10^{38}。
>
> **例**："float a;"，定义单精度浮点型变量，变量名为a。

　　定义双精度浮点型　在C++语言中，双精度浮点型的变量比单精度浮点型的变量精度要高，其携带的有效数字更多，它的基本格式如下。

> **格式**：double 变量名;
>
> **功能**：开辟一个双精度长度的实型内存空间，并为该空间定义一个对应的名字，存放实数的范围是-1.79×10^{308}～1.79×10^{308}。
>
> **例**："double b;"，定义双精度浮点型变量，变量名为b。

　　实型数取值范围　常用的实型数有单精度(float)实型、双精度(double)实型和长双精度(long dobule)实型，其取值范围如下。

数据类型	名称	占字节数	数据范围
单精度实型	float	4(32位)	$-3.4 \times 10^{38} \sim 3.4 \times 10^{38}$
双精度实型	double	8(64位)	$-1.79 \times 10^{308} \sim 1.79 \times 10^{308}$
长双精度实型	long double	16(128位)	$-3.4 \times 10^{4932} \sim 3.4 \times 10^{4932}$

　　算法设计　根据上面的思考与分析，算法流程如下。

　　第一步：定义float型和double型的变量，分别命名为didi和gege。

　　第二步：依据题意，将单位换算后的值分别存储在相应的变量中。

　　第三步：在屏幕上输出变量didi和gege的值。

3. 案例实施

　　编写程序　根据设计的算法，输出兄弟身高的程序代码如下图所示。

```
1    #include <iostream>
2    using namespace std;
3    int main(){
4        float didi;                                           // 定义变量didi
5        double gege;                                          // 定义变量gege
6        didi=1.76;                                            // 给变量didi赋值
7        gege=62417483648567891234567812345678 9123412.35;
8        cout<<"弟弟的身高是："<<didi<<"米"<<endl;
9        cout<<"哥哥的身高是："<<gege<<"米";      // 输出哥哥的身高
10       return 0;
11   }
```

测试程序　运行程序，在计算机屏幕上显示孪生兄弟的身高，其运行结果如下图所示。

```
弟弟的身高是: 1.76米
哥哥的身高是: 6.24175e+038米
--------------------------------
Process exited after 0.08467 seconds with return value 0
请按任意键继续. . .
```

答疑解惑　在定义变量时，对于那些数值较小的实数，只需将其定义成float类型即可，如果将变量定义成double类型，会造成内存空间的浪费；而对于那些数值较大的实数，需要定义成double类型，如果定义成float类型，会导致计算结果不精确。

案例 25 输出宝箱的密码

案例知识：数据类型——字符型

哈利从魔法师那里得到一个带有密码的宝箱。魔法师给了他一个加密密码(由大写字母和数字组成)和一张解密的ASCII码(美国标准信息交换代码)表，表中包含了单个字符和数字的对应关系。魔法师顺便也告诉了哈利解密的方法，如果字符是大写字母，要将其转换成小写字母；如果是数字，要通过ASCII码将数字转换成对应的字符。请编写一个程序，通过ASCII码表对加密密码进行解密，并输出解密后的密码。

1. 案例分析

提出问题　要输出解密后的密码，需要思考如下问题。

（1）查看 ASCII 码表，查看数字 35 对应什么字符？

（2）查看 ASCII 码表，查找大小写字母之间的转换规律是什么？

思路分析　采用ASCII码表对加密密码进行转换，假设加密密码为A35S47，先定义字符型变量mma，并将大写字母赋值给变量mma。依照ASCII码表，将变量值加上32可以将其转换成小写字母，输出第一个解密后的密码，接着将数字35赋值给变量mma，依照ASCII码表，直接按字符型输出变量值，得到第二个解密后的密码，如下图所示。依此类推，最后输出2个解密后的密码。

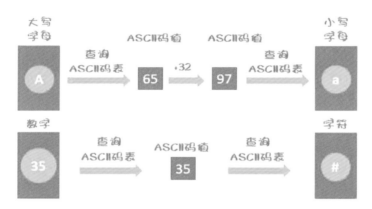

2. 案例准备

定义字符型　在C++语言中，要存储单个字符，需要定义字符型变量，其基本格式如下。

> **格式**：char 变量名;
> **功能**：在内存中，开辟数据类型为字符型的空间，该空间占用1字节，允许存放在数据编码为-128～127范围内对应的字符。
> **例**："char a;"，定义字符型变量，变量名为a。

ASCII码 在C++语言中，ASCII码使用指定的7位二进制数组合来表示128种可能的字符，每个字符对应一个ASCII码值，常见的字符对应的ASCII码值如下。

ASCII 码值	字符	ASCII 码值	字符	ASCII 码值	字符
32	空格	48	0	66	B
33	!	50	2	90	Z
35	#	52	4	97	a
36	$	57	9	98	b
47	/	65	A	122	z

字符型常量 字符型常量分为普通字符常量和转义字符常量。普通字符常量，是用一对单引号将单个字符括起来表示的；转义字符常量，是用"\"开头的特殊字符来表示的，如"\n"代表换行。

算法设计 编写程序时需要1个字符型变量mma，表示单个原始字符密码，然后依据转换要求，将原始字符密码进行转换后输出。根据上面的思考与分析，完成如下图所示的算法流程图设计。

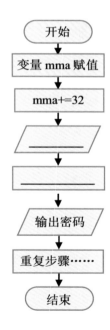

3. 案例实施

编写程序 根据算法流程图，输出宝箱密码的程序代码如下图所示。

```
1   #include <iostream>
2   using namespace std;
3   int main(){
4       char mma='A';              // 定义变量mma
5       mma+=32;                   // 将大写字母变成小写字母
6       printf("真实密码：%c",mma); // 输出变量值
7       mma=35;                    // 将数字赋给变量mma
8       printf("%c",mma);
9       mma='S';
10      mma+=32;
11      printf("%c",mma);
12      mma=47;
13      printf("%c",mma);
14      return 0;
15  }
```

测试程序　运行程序，在计算机上输出宝箱真实密码，其运行结果如下图所示。

答疑解惑　在C++语言中，字符型数据和整型数据是可以相互转换的，一个整型常量可以赋给一个字符变量；反之，一个字符常量也可以赋给一个整型变量。另外，要注意2和单引号括起来的2不是一个含义，2代表一个数字，是整型数据，而单引号括起来的2代表一个字符。

案例 26　输出钻石的图案

案例知识： 数据类型——字符串型

C++程序可以实现很多功能，不仅可以计算数值，还可以绘制漂亮的图形。刘小豆在学习物理时，了解到钻石这种物质，于是他想借助C++程序来绘制钻石图案并输出。你能使用编程来帮助他实现吗？

1. 案例分析

提出问题 要在屏幕上输出钻石图案，需要思考如下问题。

> (1) 用什么字符来代替一颗钻石的图案？
>
> (2) 要显示的钻石图案有几行，每行用几个字符来表示？

思路分析 定义字符串型变量，命名为tuan，依据题意，先将每行中需要输出的字符串赋值给变量tuan，再在屏幕的指定位置输出变量的值，最后形成钻石图案。

2. 案例准备

定义字符串型 在C++语言中，char只能定义单个字符，而string则可以定义一个字符串，其基本格式如下。

> **格式**：string 变量名；
>
> **功能**：声明一个字符串型变量，可以将双引号括起来的字符串赋给该变量。
>
> **例**："string a;"，定义字符串型变量，变量名为a。

算法设计 编写程序时需要1个变量tuan，表示每一行的字符串图案，然后在计算机屏幕上输出每一行的字符串变量的值，形成钻石图案。根据上面的思考与分析，完成如下图所示的算法流程图设计。

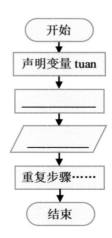

3. 案例实施 🔧

编写程序　根据算法流程图，输出钻石图案的程序代码如下图所示。

```
1   #include <iostream>
2   using namespace std;
3   int main(){
4       string tuan;              // 定义变量tuan
5       tuan="  *";               // 将字符串赋予变量tuan
6       cout<<tuan<<endl;         // 屏幕第一行输出变量值
7       tuan=" * *";
8       cout<<tuan<<endl;
9       tuan="*   *";
10      cout<<tuan<<endl;         // 屏幕第三行输出变量值
11      tuan=" * *";
12      cout<<tuan<<endl;
13      tuan="  *";
14      cout<<tuan<<endl;         // 屏幕第五行输出变量值
15      return 0;
16  }
```

测试程序　运行程序，在计算机屏幕上显示钻石图案，其运行结果如下图所示。

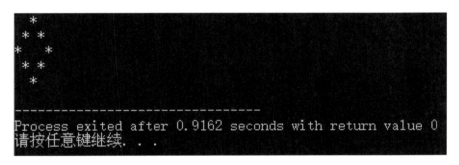

答疑解惑　要在屏幕上输出用string定义的字符串变量，可以使用cout语句进行输出。如果用printf输出函数输出字符串变量，程序在编译运行时会发生错误。

案例 27　旅游费用共多少

案例知识： 数据类型转换

又到了春暖花开的四月，刘小豆一家三口准备自驾去黄山旅游。旅途中，加了40升汽油，单价7.63元/升，食宿花费353.8元，购买了景区门票和索道票，其中景区门票

190元，索道费用90元，儿童均半价。你能设计一个程序，计算一下刘小豆家这次旅游花费的总额是多少吗？

1. 案例分析

提出问题　要计算黄山游玩的旅游费用，需要思考如下问题。

> (1) 刘小豆一家在景区内花费了多少钱？
>
> (2) 刘小豆一家去黄山旅游一共花费了多少钱？

思路分析　本题要计算旅游费用，油费和食宿花费都是小数，其余参与运算的数据都是整数，而根据数学中的计算公式，最后计算出的旅游费用要带有小数，要将参与运算的整数自动转换成小数，所以将旅游费用定义为实型变量。

2. 案例准备

自动转换与强制转换　自动转换是把短的数值类型变量值赋给长的数值类型变量，数据信息一般不会丢失。而强制转换则相反，容易造成数据丢失，其基本格式如下。

> **格式**：(类型)变量名(表达式);
> **功能**：将变量或表达式的数据类型强制转换成设定的数据类型。
> **例**：“(float)a;”是将a转换为float类型，“(int)(5%3);”是将5%3的值转换成int型。

数据类型转换规则　在不同数据类型的数据进行混合运算时，会自动进行数据类型的转换，自动类型转换遵循的规则如下。

> (1) 若参与运算的数据类型不同，则先转换成同一类型，再进行运算。自动类型转换是按数据长度增加的方向进行的，以保证精度不降低，即从简单类型向复杂类型转换，转换规则为char→int→long→float→double。
> (2) 在赋值运算中，当两边的数据类型不相同时，将把右边表达式值的类型转换为左边变量的类型。

算法设计　根据上面的思考与分析，算法流程如下。

第一步：定义单精度浮点型变量，命名为lfei。

第二步：依据题意，计算旅游花费，并将其值保存在变量lfei中。

第三步：在屏幕上输出变量lfei的值。

3. 案例实施

编写程序　根据设计的算法，计算旅游费用的程序代码如下图所示。

```
1  #include <iostream>
2  using namespace std;
3  int main(){
4      float lfei;                        // 定义变量lfei
5      lfei=40*7.63;                      // 添加油费
6      lfei+=353.8;                       // 添加食宿费
7      lfei+=2*(190+90)+95+45;            // 添加景区费用
8      cout<<"旅游共花费了"<<lfei<<"元";   // 输出旅游总花费
9      return 0;
10 }
```

测试程序　运行程序，查看旅游花费的费用，其运行结果如下图所示。

```
旅游共花费了1359元
--------------------------------
Process exited after 0.07152 seconds with return value 0
请按任意键继续. . .
```

答疑解惑　在定义变量时，只需将其定义成单精度浮点型数据即可，如果将变量定义成双精度浮点型数据，会造成内存空间的浪费。另外，如果将变量定义成整型数据，会将计算结果强制转换成整数，导致计算结果不精确。

第 3 章

择善而从——程序控制

程序有三种基本结构，分别是顺序结构、分支结构和循环结构。比如球赛计分等程序，它按照自顶而下的顺序依次执行程序中的语句，这样的程序结构被称为顺序结构；出了火车站是坐地铁还是坐公交车到达目的地，如果用程序来实现就是一种分支结构；一直按照固定的顺序交替变换的红绿灯，其工作过程如果用程序实现就是一种循环结构。

生活中的很多问题都是用这三种结构的程序来解决的。在第 2 章中，通过编写顺序结构程序，我们对顺序结构已经有了初步了解，本章将通过多个案例讲解分支结构和循环结构的相关知识。

🎓 学习内容

疫情防控测体温
正常血压的标准
金斧头和银斧头
计算打车的费用
收集瓶盖可兑奖
涉酒驾驶要警示
无人自助售卖机

▤ 分支结构　　程序控制　　🔍 循环结构

玩转经典小游戏
分到苹果的数量
优秀班级的评选
存钱买智能音响
兄弟多久见次面
坐井观天的青蛙
逢七必过小游戏
水仙花数有多少

疫情期间，为了做好学校的防控工作，学生每天进入校园需要通过的第一道关卡就是体温测量，如果用测温枪测得学生的体温≥36.9℃，则必须去隔离室进一步诊治判断。请编程实现该防控过程，如输入体温值为37.5，屏幕显示"请去隔离室进行诊治判断"。

1. 案例分析

提出问题　依据题意，需要把测得的体温值和36.9进行比较，以便确定程序如何执行，因此需思考如下问题。

> （1）如何进行两个数的比较？
>
> （2）进入隔离室的条件是什么？

思路分析　将测得的体温值与设置的标准值36.9进行比较，如果体温值大于或等于36.9，则必须去隔离室进一步观察；否则学生的体温正常，只要戴好口罩即可进入校园。

2. 案例准备

关系运算符　在C++语言中，用>、>=、<、<=、==和!=表达数值及算术表达式之间的关系，其含义如下。关系运算符的优先级低于算术运算符，但是高于赋值运算符。

符号	>	>=	<	<=	==	!=
含义	大于	大于或等于	小于	小于或等于	等于	不等于

关系表达式　用关系运算符将表达式连接起来的式子，称为关系表达式，其基本格

式如下。

> **格式1**：表达式1 关系运算符 表达式2
> **功能**：将表达式1和表达式2进行比较，如果成立，输出结果为真，否则结果为假。
> **例**："3>2"表示3大于2成立，输出结果为真。

　　算法设计　根据前面的分析，编写程序时需要1个变量twen，表示用测温枪测得的体温值，然后依据这个变量设置判定条件，根据条件的结果，判断学生是否要去隔离室进行诊治判断。根据上面的思考与分析，完成如下图所示的算法流程图设计。

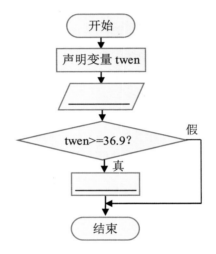

3. 案例实施

　　编写程序　根据算法流程图，体温判断的程序代码如下图所示。

```
1   #include <iostream>
2   using namespace std;
3   int main(){
4       float twen;                          // 定义变量twen
5       cout<<"测得的体温值：";
6       cin>>twen;                           // 从键盘输入体温值
7       if(twen>=36.9){                      // 如果体温值大于或等于36.9
8           cout<<"请去隔离室进行诊治判断";
9       }                                    // 输出执行结果
10      return 0;
11  }
```

测试程序　编译运行程序，输入测得的体温值37.5，其运行结果如下图所示。

答疑解惑　程序中使用的关系运算符"＞="，其含义是大于或等于，而不是大于且等于，题目中设置的关系表达式"twen＞=36.9"，成立条件是变量twen的值大于36.9或等于36.9。

案例 29　正常血压的标准

案例知识：逻辑运算符

医院护士每天都要给监护的病人测量一次血压，若收缩压在90mmHg～139mmHg，并且舒张压在60mmHg～89mmHg则视为正常。试编写一个程序，输入收缩压和舒张压的数值，判断是否为正常血压。

1. 案例分析

提出问题　要判断病人的血压是否正常，先要思考如下问题。

　(1) 根据测量的血压值，判断的结果分为几种情况？

　(2) 判断为正常血压需要满足什么条件？

思路分析　在键盘中输入收缩压和舒张压的值，判断收缩压是否满足正常收缩压的条件，再判断舒张压是否满足设置的正常舒张压的条件，只有2个条件都满足，才说明病人的血压正常。

2. 案例准备

逻辑运算符　C++中的逻辑运算符有3种：与&&(逻辑与)、||(逻辑或)和!(逻辑非)，逻辑运算符与其他种类运算符的优先级如下。

! ＞算术运算符＞关系运算符＞&&＞||＞赋值运算符

逻辑运算规则　在C++语言中，用逻辑运算符将表达式连接起来，称为逻辑表达式，运算结果为1代表真，运算结果为0代表假，逻辑运算规则如下。

表达式 1(a)	表达式 2(b)	!a	!b	a&&b	a||b
1	1	0	0	1	1
1	0	0	1	0	1
0	1	1	0	0	1
0	0	1	1	0	0

算法设计　根据上面的思考与分析，算法流程如下。

第一步：定义2个整型变量ssy和szy。

第二步：从键盘输入收缩压和舒张压，并分别赋给变量ssy和szy。

第三步：设置判断条件，判断变量ssy和szy的值是否在正常血压范围内。

第四步：如果判断条件为真，输出"该病人血压正常"。

3. 案例实施

编写程序　根据设计的算法，判断血压是否正常的程序代码如下图所示。

```
1   #include <iostream>
2   using namespace std;
3   int main(){
4       int ssy,szy;                              // 定义变量ssy和szy
5       cout<<"请输入收缩压和舒张压："<<endl;
6       cin>>ssy>>szy;                            // 从键盘输入值，分别保存在相应的变量中
7       if((ssy>=90&&ssy<140)&&(szy>=60&&szy<90)) // 设定条件
8           cout<<"你的血压正常";                   // 输出判定结果
9       return 0;
10  }
```

测试程序　编译运行程序，输入收缩压和舒张压，其运行结果如下图所示。

答疑解惑　程序中设置的条件表达式要遵循一定的规则，按运算符的优先级别高低次序执行，先执行关系运算符，再执行逻辑运算符。因此，需要在程序中添加小括号来提高运算级别，如果将小括号去除，会使判定结果发生错误。

金斧头和银斧头

案例知识： 单分支选择结构

有个樵夫在河边砍柴时不小心将斧头掉进了河里，因为樵夫每天都要用这把斧头砍柴，卖掉柴换钱给年迈的母亲治病，斧头没了让樵夫忍不住哭了起来。这时河神出现了，对樵夫说："我能帮你找回掉进河里的斧头，现在你有3个选择，金斧头、银斧头或铁斧头。"樵夫选择不同的选项，会获得不同的斧头，那么樵夫选择了哪个选项呢？请编程模拟樵夫的选择过程。

1. 案例分析

提出问题　要知道樵夫到底获得了哪把斧头，需要先思考如下问题。

（1）如何得知樵夫的选择？

（2）樵夫获得铁斧头的条件是什么？

思路分析　输入数字并通过设置的条件进行判断，输入的数字不同，樵夫得到的结果也不一样。如果输入1，则屏幕输出"樵夫将获得金斧头"提示；如果输入2，则屏幕输出"樵夫将获得银斧头"提示；如果樵夫选择3，则屏幕输出"樵夫是一个诚实的人，他将获得金斧头、银斧头及原来掉进河里的那把铁斧头"提示。

2. 案例准备

if语句　在C++语言中，有些程序语句是在满足一定条件下才能执行的，这种语法格式就是if语句，其基本格式如下。

> **格式**：if(条件表达式){
> 　　语句1;
> 　　……
> }
> **功能**：条件表达式一般为关系或逻辑表达式，当条件为真时，执行条件为真下面的语句。

算法设计　根据上面的思考与分析，算法流程如下。

第一步：定义整型变量xze，等待樵夫的选择。

第二步：从键盘中获得樵夫的选择，将选择的值保存到变量xze中。

第三步：对应樵夫选择的值，输出对应的结果。

3. 案例实施

编写程序　根据设计的算法，输出樵夫选择结果的程序代码如下图所示。

```cpp
1  #include <iostream>
2  using namespace std;
3  int main(){
4      int xze;                        // 定义名为xze的整型变量
5      cout<<"请选择：";                // 从键盘输入值，保存到变量xze中
6      cin>>xze;
7      if(xze==1)                       // 如果变量的值是1
8          cout<<"你获得的是金斧头";
9      if(xze==2)                       // 如果变量的值是2
10         cout<<"你获得的是银斧头";
11     if(xze==3)                       // 如果变量的值是3
12         cout<<"你是诚实善良的人，你获得的";
13         cout<<"是金斧头、银斧头和铁斧头";
14     return 0;                        // 输出选择结果
15 }
```

测试程序　运行程序，樵夫做出选择，输入数字"3"，其运行结果如下图所示。

```
请选择：3
你是诚实善良的人，你获得的是金斧头、银斧头和铁斧头
------------------------------------
Process exited after 2.155 seconds with return value 0
请按任意键继续. . .
```

答疑解惑 在设置的if条件语句中，执行多条语句时，一定要用一对"{}"括起来，否则当条件成立时，只会执行第一条语句。

例："if(a>b){cout<<a;cout<<b;}"表示当条件为真时，输出a和b的值

"if(a>b)cout<<a;cout<<b;" 表示当条件为真时，输出a的值

案例 **31** **计算打车的费用**
案例知识：双分支选择结构

A市出租车行业经营状况良好，出租车计价方案为：3公里以内起步价为7元，超过3公里路程以后，超出的部分按每公里1.3元计价。请你尝试编程，实现输入里程数计算需要支付的打车费用的效果。

1. 案例分析

提出问题 要计算打车的费用，需要思考如下问题。

(1) 计算打车费用，需要考虑几种情况？

(2) 若行驶的里程超过3公里，如5公里，需要支付多少元？

思路分析 从键盘上输入里程数，判断里程数是否在3公里范围内，如果是则打车的费用为7元，否则打车费用是起步价与超出路程的费用之和。

2. 案例准备

if-else语句　在C++语言中，if-else语句除了在条件为真时执行某些语句，还能在条件为假时执行另一段代码，其基本格式如下。

```
格式：if(条件表达式){
    语句1;
    ……
}else{
    语句2;
    ……
}
```

功能：条件表达式一般为关系或逻辑表达式，当条件为真时，执行条件为真下面的语句。否则执行else，也就是执行条件为假下面的语句。

算法设计　根据前面的分析，编写程序时需要2个变量lc和jjia，分别表示里程数和打车费用，然后依据变量lc设置判定条件，并按照判定条件的结果，给出与其对应的打车费用。根据上面的思考与分析，完成如下图所示的算法流程图设计。

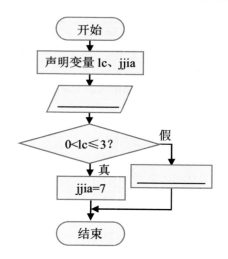

3. 案例实施

编写程序　根据设计的算法流程图，计算打车费用的程序代码如下图所示。

```
1  #include <iostream>
2  using namespace std;
3  int main(){
4      int lc;                          // 定义变量lc
5      float jjia;                      // 定义变量jjia
6      cout<<"请输入里程数：";
7      cin>>lc;                         // 从键盘输入里程数，并保存在变量lc中
8      if(lc>0&&lc<=3)jjia=7;           // 如果在3公里以内，计费7元
9      else jjia=7+(lc-3)*1.3;          // 否则，计费是起步价与超出部分之和
10     cout<<"打车费用："<<jjia<<"元";
11     return 0;
12 }
```

测试程序　编译运行程序，输入里程数"6"，程序运行结果如下图所示。

```
请输入里程数：6
打车费用：10.9元
--------------------------------
Process exited after 3.288 seconds with return value 0
请按任意键继续. . .
```

答疑解惑　程序中使用if-else语句时，else和if后面有所不同，if后面要加上判定条件，而else后面则省略判定条件，含义是当if条件不成立时，直接执行else后面的语句。

案例 32　收集瓶盖可兑奖

案例知识：多分支选择结构

　　某饮料公司最近在搞一个"收集瓶盖赢大奖"的活动，如果收集到5个印有"幸运"字样的瓶盖，会获得该饮料公司生产的饮料一箱；如果收集10个印有"幸运"字样的瓶盖，就会获得一块智能手表。试编写一个程序模拟兑奖过程，输入收集到的瓶盖数，输出对应的奖励。

73

1. 案例分析

提出问题　要模拟兑奖过程，需要思考的问题如下。

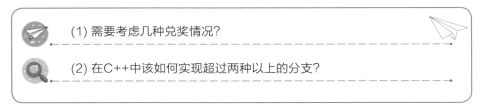

(1) 需要考虑几种兑奖情况？

(2) 在C++中该如何实现超过两种以上的分支？

思路分析　输入收集到的印有"幸运"字样瓶盖的数量，并将其存入整型变量sji中。设置判断条件的表达式，如果sji>=5&&sji<10条件成立，则奖励饮料一箱；如果sji>=10条件成立，则奖励智能手表一块；如果以上2个条件都不满足时，则鼓励继续收集瓶盖。

2. 案例准备

多分支选择结构　C++程序中，多分支选择结构一般用if-else语句来完成，它从多个选择结构中，选择第一个条件为真的路线作为执行线路。当所给的选择条件为真时，执行语句1；如果条件为假则继续检查下一个条件；如果所有条件都为假，则执行其他语句，其基本格式如下。

```
格式：if(条件表达式1){
    语句1;
    ……
}
else if(条件表达式2){
    语句2;
    ……
}
……
else{
    语句3;
    ……
}
功能：当条件表达式1成立时，执行语句1，否则再判断条件表达式2，如果成立，执行语句2，依此类推，如果以上条件都不成立，执行其他语句。
```

算法设计 编写程序时需要 1 个整型变量 sji，表示收集到的印有"幸运"字样瓶盖的数量，然后依据此变量设置判定条件，按照判定条件的结果给出与其相对应的奖励。根据上面的思考与分析，完成如下图所示的算法流程图。

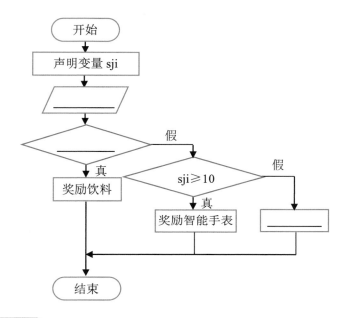

3. 案例实施

编写程序 根据设计的算法流程图，通过收集的瓶盖数，输出相应奖励的程序代码如下图所示。

```cpp
1   #include <iostream>
2   using namespace std;
3   int main(){
4       int sji;                              // 定义变量sji
5       cout<<"请输入收集到的带有幸运字样瓶盖数：";
6       cin>>sji;                             // 从键盘输入数量，保存在变量sji中
7       if(sji>=5&&sji<10)cout<<"恭喜你获得饮料一箱";
8       else if(sji>=10) cout<<"恭喜你获得智能手表一块";
9       else cout<<"希望再接再励争取早日获得大奖";
10      return 0;                             // 输出结果
11  }
```

测试程序 编译运行程序，输入收集到的带有"幸运"字样的瓶盖数"10"，程序运行结果如下图所示。

```
请输入收集到的带有幸运字样瓶盖数: 10
恭喜你获得智能手表一块
--------------------------------
Process exited after 5.119 seconds with return value 0
请按任意键继续. . .
```

答疑解惑　程序中在else和if之间有一个空格，并且不能省略，如果将空格去掉，程序在编译运行时会发生错误。另外，程序第9行else后面是不加任何条件表达式的，代表以上条件都不满足时，执行里面的语句。

案例 33　涉酒驾驶要警示

案例知识： 选择语句的嵌套

根据国家标准《车辆驾驶人员血液、呼气酒精含量阈值与检验》规定，如果100mL血液中酒精含量为20～80mg，则驾驶员被认定为饮酒后驾车，80mg以上被认定为醉酒驾车。试编写一个程序，在输入检测到的酒精含量时，可判断驾驶员是否存在涉酒驾驶行为，并给出相应的警示。

1. 案例分析

提出问题　要判断司机是否存在涉酒驾驶行为，需要思考的问题如下。

 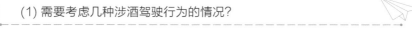

(1) 需要考虑几种涉酒驾驶行为的情况？

(2) 如何根据涉酒驾驶行为的情况设计出它们的条件表达式？

思路分析 定义整型变量jhan，并接收从键盘输入的值。判断条件表达式：如果jhan>=80，则为醉酒驾车；如果条件不成立，则进一步判断，如果20≤jhan<80，则为饮酒后驾车；否则驾驶员没有喝酒，可以正常驾驶。

2. 案例准备

if语句嵌套 在C++语言中，选择结构的嵌套是从外向内逐层判断。语句先从最外层的条件开始判断，如果条件为真，则执行条件为真时的同层语句；如果条件为假，则进一步判断，如果条件为真，则执行该层中的语句；如果条件还是不成立，则执行条件为假时的同层语句。以此类推，直到程序执行完毕为止，其基本格式如下。

```
格式：if(条件表达式1){
语句1;
……
}
else{
    if(条件表达式2){
        语句2;
        ……
    }
    ……
    else{
        语句3;
        ……
    }
}
功能：当条件表达式1成立时，执行语句1，否则判断条件表达式2，如果成立，执行语句2，如果不成立，执行其他语句。
```

算法设计 根据前面的分析，编写程序时需要1个变量jhan，表示测试到的酒精含量，然后依据酒精含量设置判定条件，按照判定条件的结果，给出与其相对应的警示。根据上面的思考与分析，完成如下图所示的算法流程图设计。

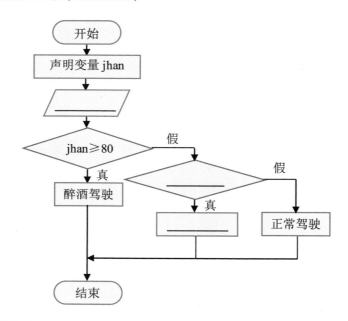

3. 案例实施

编写程序　根据设计的算法流程图，涉酒驾行为判断的程序代码如下图所示。

```cpp
1  #include <iostream>
2  using namespace std;
3  int main(){
4      int jhan;                                    // 定义变量jhan
5      cout<<"请输入酒精含量: ";
6      cin>>jhan;                                   // 输入值，并保存在jhan变量中
7      if(jhan>=80)                                 // 如果酒精含量>=80
8      cout<<"你已处于醉酒状态，请勿驾驶汽车";
9      else
10         if(jhan>=20)                             // 如果酒精含量>=20
11         cout<<"你饮酒了，千万不要开车";
12         else
13         cout<<"你没有喝酒，可以正常驾驶";
14     return 0;                                    // 输出判断结果
15 }
```

测试程序　编译运行程序，输入酒精含量"60"，程序运行结果如下图所示。

```
请输入酒精含量: 60
你饮酒了，千万不要开车
--------------------------------
Process exited after 5.403 seconds with return value 0
请按任意键继续. . .
```

答疑解惑　为了便于用户阅读代码，在编写代码时，程序中if-else语句中嵌套的if-else语句需进行缩进，if和else2个保留字最好对齐缩进，这样有利于区分层次关系。

案例 **34**	**无人自助售卖机**
	案例知识：switch语句

　　A市图书馆门口最近多了一台无人售卖机，售卖机里装有各式各样的饮料，如可乐、橙汁等，用户只需选择喜欢的饮料编号并付款，售卖机就会弹出相应的饮料。试编程模拟无人售卖机的售货过程，输入编号，输出饮料名称。

1. 案例分析

提出问题　要模拟无人售卖机售货的过程，需要思考如下问题。

　(1) 需要几层if嵌套语句来模拟售货过程？

　(2) 请确定售卖机共有几种饮料编号？

思路分析　假设有4个编号对应售卖机中的4种饮料,根据用户选择的数字编号,显示不同类型的饮料,如果输入了1~4编号以外的数字,则提示"对不起,没有这种饮料"。

2. 案例准备

switch语句格式　当出现的分支比较多时,为了方便实现多分支选择,C++语言提供了switch语句,其基本格式如下。

格式：switch(表达式){

case 值1:语句序列1;(break;)

case 值2:语句序列2;(break;)

……

case 值n:语句序列n;(break;)

default:语句序列n+1;

}

功能：将switch表达式的值和case后面的值逐一匹配,一旦匹配成功,执行case后面的语句序列；如果switch表达式的值和case后面的值都不匹配,执行default后面的语句序列。如果执行到break语句,则跳出switch语句,如果省略break语句,则会执行下一个case语句。

break语句　在C++语言中,break是一条跳转语句,常用在分支结构和循环结构中,在使用switch语句时,当执行完某个case后面的一组语句序列后,可以使用break语句跳转到switch语句之外,程序接着向下执行其他语句。

算法设计　根据上面的思考与分析,算法流程如下。

第一步：定义整型变量bhao,等待用户输入编号。

第二步：根据整型变量的值,输出对应的饮料名称。

第三步：如果没有对应bhao变量的值,则提示售卖机中没有这种饮料。

3. 案例实施

编写程序　根据设计的算法,通过选择的饮料编号,显示对应饮料名称的程序代码如下图所示。

```
 1   #include <iostream>
 2   using namespace std;
 3   int main(){
 4       int bhao;                           // 定义变量bhao
 5       cout<<"可以选择的饮料编号："<<endl;
 6       cout<<"1.可乐     2.红茶"<<endl;
 7       cout<<"3.橙汁     4.绿茶"<<endl;
 8       cout<<"请选择编号：";
 9       cin>>bhao;                          // 从键盘输入值，保存在变量bhao中
10       switch(bhao){                       // 判断数值
11           case 1:cout<<"你选择了可乐";break;
12           case 2:cout<<"你选择了红茶";break;
13           case 3:cout<<"你选择了橙汁";break;
14           case 4:cout<<"你选择了绿茶";break;
15           default:cout<<"对不起，没有这种饮料";
16       }
                                             // 输出结果
17       return 0;
18   }
```

测试程序　编译运行程序，输入选择的饮料编号"2"，程序运行结果如下图所示。

```
可以选择的饮料编号：
1.可乐     2.红茶
3.橙汁     4.绿茶
请选择编号：2
你选择了红茶
------------------------------
Process exited after 4.411 seconds with return value 0
请按任意键继续. . .
```

答疑解惑　注意程序中case语句后面可以跟常量或常量表达式，但不能跟变量，且每个case语句后面必须要有一个冒号。另外，default语句最好不要省略，这样当条件都不满足时，switch语句会有一个默认的出口。

案例 35　玩转经典小游戏

案例知识：for语句

"老狼老狼几点了"是一款经典的儿童游戏，其规则是：参加游戏的小朋友在横线后站成一排，请一个小朋友站在横线前扮演"老狼"，游戏开始时小朋友与扮演"老狼"的人一起往前走，并齐声问："老狼老狼几点了"，"老狼"回答："一点了"，这样继续下去，直到"老狼"答"12点了"时，小朋友就转身向横线跑，"老狼"转身

追捕，但不能超过横线，在横线前被捉到的为游戏失败者。试编写一个程序，让计算机显示游戏过程。

1. 案例分析

提出问题　要让计算机输出儿童游戏的过程，需要思考如下问题。

（1）如何让"老狼"报时？

（2）每当"老狼"报一次时间，需要书写多少行语句？

思路分析　通过for语句设置循环的初值、循环条件，增量表达式来指定循环报时，当次数累加到12次，即"老狼"答"12点了"时，要输出程序结果，即"老狼"可以转身追捕小朋友了。

2. 案例准备

for语句格式　反复执行同样操作而编写的程序，就是循环结构程序。C++语言中提供for、while、do-while等不同格式的循环语句，for语句的格式如下。

格式：for(循环变量赋初值；循环条件；增量或减量表达式){
语句1；
……
}
功能：首先为循环变量赋初值，接着判断循环条件是否成立，如果为假，跳出for循环结构；如果为真，执行循环体内语句，再执行增量或减量语句，继续判断循环条件，执行循环体内语句，以此类推，直到循环条件不满足，跳出for循环结构。

算法设计　编写程序时需要1个计数变量i，然后依据变量设置循环条件，执行循环程序，显示儿童游戏的过程。根据上面的思考与分析，完成如下图所示的算法流程图设计。

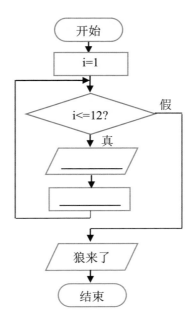

3. 案例实施

编写程序　根据设计的算法流程图，显示游戏过程的程序代码如下图所示。

```
1  #include <iostream>
2  using namespace std;
3  int main(){
4      int i;                              // 定义变量i
5      for(i=1;i<=12;i++){                 // 设置循环条件
6          cout<<"老狼老狼几点了？";
7          cout<<i<<"点了。"<<endl ;       // 报时计数
8      }
9      cout<<"狼来了，快跑。";            // 输出时间到了的结果
10     return 0;
11 }
```

测试程序　程序代码编写完成后，编译运行程序，其运行结果如下图所示。

83

答疑解惑 程序中第5行循环变量 i 的初始值为1，如果此时将循环条件设置为"i<13"，循环中的语句还是执行了12次，程序运行的结果仍然正确。绝对不能将循环条件设置为"i<12"，因为此时循环中的语句只执行了11次，会使程序运行结果发生错误。

案例 36 分到苹果的数量

案例知识：for语句应用

刘小豆正在做一道奥数题，他思考了半天也没有想出结果。题目内容是：把一堆苹果分给n个小朋友，要使每个人都能拿到苹果，并且每个人拿到的苹果数都不相同，这堆苹果的数量至少有几个？请你尝试编程帮刘小豆解决这个问题。

1. 案例分析

提出问题　要解决刘小豆的数学难题，需要先思考如下问题。

> (1) 假设有12个人分苹果，每个人分到的苹果数量是多少？
>
> (2) 在求解的过程中，重复执行的操作是什么？

思路分析　假设有9个小朋友，那么第1个小朋友拿到了1个苹果，第2个小朋友拿到了2个苹果，以此类推，这时每个人拿到的苹果数都不相同。程序中可以根据人数在for循环中不断对苹果数相加，即可得到苹果的总数量。

2. 案例准备

for语句的其他形式　在C++语言中，for语句的格式可以变化，以增强程序代码的简洁性、功能性和易读性，其他形式的格式如下。

> 格式1：for(定义循环变量并赋初值;循环条件;增量表达式);
> 功　能：在for循环中直接定义变量，省去程序开头对该变量的定义。
> 格式2：for(；循环条件；增量表达式);
> 功　能：省略"循环变量赋初值"，即在for语句中不设置初值，可以在for语句循环体上面给赋初值。
> 格式3：for(循环变量赋初始值; ;增量表达式);
> 功　能：省略"循环条件"，也就是循环条件始终满足，循环将无终止地进行下去。
> 格式4：for(循环变量赋初始值;循环条件;);
> 功　能：省略"增量表达式"，在循环体内使循环变量增值。

算法设计　根据前面的分析，编写程序时需要3个变量，分别是人数变量num、苹果总数变量zhe及计数变量i，然后依据变量i设置循环条件，计算苹果数量。根据上面的思考与分析，完成如下图所示的算法流程图设计。

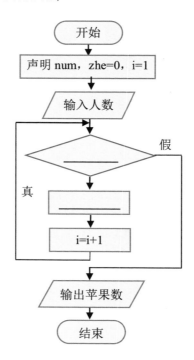

3. 案例实施

编写程序　根据设计的算法流程图，输入小朋友的人数，显示苹果数量的程序代码如下图所示。

```cpp
1  #include <iostream>
2  using namespace std;
3  int main(){
4      int num,zhe=0;                        // 定义变量num，zhe=0
5      cout<<"请输入小朋友人数：";
6      cin>>num;                             // 输入人数
7      for(int i=1;i<=num;i++)               // 设置循环条件
8          zhe+=i;                           // 苹果数量每次循环加1
9      cout<<"苹果数至少是："<<zhe<<"个";      // 输出苹果数量
10     return 0;
11 }
```

测试程序　编译运行程序，输入小朋友的人数"9"，程序运行结果如下图所示。

```
请输入小朋友人数：9
苹果数至少是：45个
--------------------------------
Process exited after 14.09 seconds with return value 0
请按任意键继续. . .
```

答疑解惑　程序中在for循环里直接对变量进行定义，并赋初始值，这样省去了在程序开头对该变量的定义，增强了程序代码的易读性，但如果在for循环里和程序开头都没有定义该变量，程序编译时会发生错误。

案例 37	**优秀班级的评选**
	案例知识：for语句和if语句结合

学期快结束了，方舟中学要从全校班级中评选出几个优秀班级，并进行表彰。其评选规则是：班级的综合得分在全校班级的平均分以上为优秀。李老师已经有了各班级的综合得分，她想知道自己所带的班级能不能被学校评选为优秀班级。你能编写一个程序来帮助李老师快速得到答案吗？

1. 案例分析　

提出问题　要判断李老师的班级能不能被评选为优秀班级，需要思考的问题如下。

> （1）如何计算各班级得分的平均值？
>
> （2）评选为优秀班级需要满足什么条件？

思路分析　首先输入班级数，接着将循环条件设置为永远循环，在循环体中，根据用户输入的各班级综合得分，计算平均值，并设置判定条件，判断李老师班的综合得分是否高于全校班级的平均分，并输出与其对应的结果。另外，需要在循环体中加上break语句，否则程序没有出口，运行结果会出错。

2. 案例准备

for循环体执行的次数　for循环体执行次数由循环变量的初值、终值和循环变量的增量或减量决定。终值需要结合循环条件表达式来看，如果缺少循环条件表达式，则表示循环程序没有出口，循环体中的语句会一直执行下去；循环变量的增量或减量也可以自行决定增加值或减少值，以快速达到循环结束条件；如果循环体中有goto或break语句，循环次数也会受到影响，提前结束。

算法设计　根据上面的思考与分析，完成算法流程图的设计。

设置变量： 首先设置3个变量n、score和f，分别表示班级数、各班级的综合得分及李老师班的综合得分；再设置3个变量，即总分变量s、平均分变量avg及计数变量i，如右图所示。

输出评选结果： 将循环条件设置为永远循环，在循环体中设置判断条件，按照变量avg的值，输出优秀班级的评选结果，如下图所示。

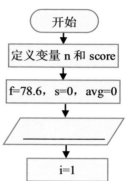

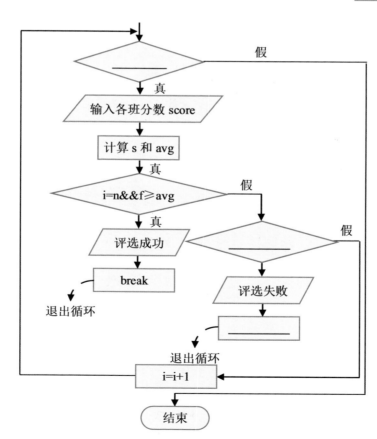

3. 案例实施

编写程序　根据设计的算法流程图，判断优秀班级的程序代码如下图所示。

```cpp
1    #include <iostream>
2    using namespace std;
3    int main(){
4        int n;                              // 定义变量n
5        float score,f=78.6,s=0,avg=0;
6        cout<<"输入班级数：";
7        cin>>n;                             // 输入班级数
8        cout<<"输入各班级的综合得分：";
9        for(int i=1;;i++){                  // 设置循环条件为永远循环
10           cin>>score;                     // 输入各班级的综合得分
11           s+=score;                       // 计算总分
12           avg=s/n;                        // 计算平均分
13           if(i==n && f>=avg){             // 如果i等于班级数并且f大于等于平均分
14               cout<<"李老师的班级是优秀班级";
15               break;
16           }
17           if(i==n && f<avg){              // 如果i等于班级数并且f小于平均分
18               cout<<"李老师的班级不是优秀班级";
19               break;                      // 退出循环
20           }
21       }
22       return 0;
23   }
```

测试程序　编译运行程序，输入班级数以及各班的综合得分，程序运行结果如下图所示。

```
输入班级数：5
输入各班级的综合得分：77 76.2 72 78.6 75.4
李老师的班级是优秀班级
------------------------------
Process exited after 18.98 seconds with return value 0
请按任意键继续. . .
```

答疑解惑　当把for语句的循环条件设置为永远循环时，for语句循环体中必须要有break语句，如果没有，程序没有出口，运行结果会发生错误。break是一条跳转语句，常常用在分支结构和循环结构中，如果用在循环结构中，代表程序跳转到当前循环体外的下一条语句执行。

案例 38 存钱买智能音响

案例知识：while语句

刘小豆在购物网站看中了一款智能音响，价格是670元，他打算从这个月开始为购买这款音响存钱，本月存入20元，下个月存入40元……依此类推。请尝试编程，计算经过多少个月，刘小豆才能存够钱购买这款智能音响。

1. 案例分析

提出问题　已知存钱的总数要大于670元，要求存钱的月数，需要思考如下问题。

(1) 刘小豆第5个月存了多少钱，能不能购买智能音响？

(2) 购买智能音响需要满足什么条件，条件表达式是什么样的？

思路分析　要想知道存多少个月的钱，才能购买智能音响，可以设置循环条件为存钱的总数小于或等于670元，当还没有达到670元时，执行循环体中的语句，当钱存够了，跳出循环，输出结果。

2. 案例准备

while语句　在C++语言中，while循环语句用于循环执行一段需要重复执行的代码段，它的语法格式如下。

```
格式：while (循环条件){
语句1;
……
}
功能：首先判断条件表达式，如果成立，执行循环体语句，
如果循环条件不成立，则结束循环。
```

　　算法设计　编写程序时需要先设置3个变量mon、cun以及jge，分别表示存钱的月数、每个月的存钱数及智能音响的价格，然后依据智能音响的价格设置循环条件，计算出存钱的月数，当循环条件不满足时，输出存钱的月数。根据上面的思考与分析，完成如下图所示的算法流程图设计。

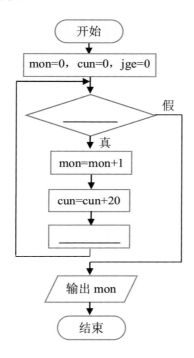

3. 案例实施

　　编写程序　根据设计的算法流程图，计算存钱时间的程序代码如下图所示。

```cpp
 1  #include <iostream>
 2  using namespace std;
 3  int main(){
 4      int mon=0,cun=0,jge=0;      // 定义变量mon=0、cun=0和jge=0
 5      while(jge<670){             // 设置循环条件jge<670
 6          mon++;                  // mon变量值自加1
 7          cun+=20;                // 计算每个月存钱数
 8          jge+=cun;               // 计算存钱总数
 9      }
10      cout<<"要存"<<mon<<"个月";   // 输出存钱的月数
11      return 0;
12  }
```

测试程序　编译运行程序，程序运行结果如下图所示。请尝试修改参数，查看程序运行的结果，如智能音响的价格为1000元，计算出存钱的月数。

```
要存8个月
--------------------------------
Process exited after 0.046 seconds with return value 0
请按任意键继续. . .
```

答疑解惑　当while语句的循环体中包含多条语句时，应用一对"{}"将语句括起来，组成复合语句。另外，while语句后面只跟循环条件表达式，循环变量的增量代码写在while语句的循环体中。

案例 39　兄弟多久见次面

案例知识：while语句应用

村子里有一对感情很好的兄弟，为了贴补家用，两人都外出打工，哥哥8天回家一次，弟弟12天回家一次，兄弟两人同时在3月11日离家，那么2个人下次见面还要经过多少天？请以编程来解决此问题。

1. 案例分析

提出问题　要计算兄弟两人下次见面的间隔天数，需要思考如下问题。

 (1) 当哥哥再见到弟弟时，他已经是第几次回家了？

 (2) 你能推算出兄弟俩下个月几号见面吗？

思路分析 要计算出两兄弟下次见面需要经过的天数，其实就是求解2个整数的最小公倍数问题，先求解2个整数的最大公约数，再将2个整数的乘积除以最大公约数，得到最小公倍数，即本题的求解结果。

2. 案例准备

辗转相除法 辗转相除法，又称欧几里得算法，因为这个算法需要反复地进行除法运算，故被形象地命名为"辗转相除法"。它常用于计算2个正整数的最大公约数，其算法步骤是：对于给定的2个正整数m和n，假设m比n大，用m除以n的余数r，若余数r不为0，就将n和r组成一对新数，即执行m=n，n=r的操作，再继续进行上面的除法，直到余数r为0，这时n就是最大公约数。例如，求m=102和n=62的最大公约数，求解过程如下图所示。

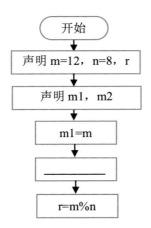

算法设计 根据上面的思考与分析，完成算法流程图的设计。

设置变量：编写程序时需要3个变量m、n及r，分别表示被除数、除数及余数，接着设置变量m1和m2，分别保存变量m和n的初始值，如下图所示。

计算间隔天数：设置循环条件，即余数r不为0，在循环体中使用辗转相除法求出最小公倍数，即兄弟俩下次见面的时间，当循环条件不成立时，输出时间，如下图所示。

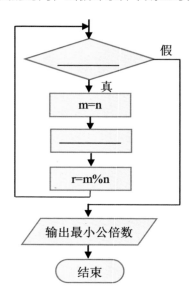

3. 案例实施

编写程序　根据设计的算法流程图，计算两兄弟见面间隔天数的程序代码如下图所示。

```
1    #include <iostream>
2    using namespace std;
3    int main(){
4        int m=12,n=8,r;              // 定义变量m=12、n=8和r
5        int m1,n1;                   // 定义变量m1、m2
6        m1=m;                        // 把m值赋给变量m1
7        n1=n;
8        r=m%n;
9        while(r!=0){                 // 设置循环条件
10           m=n;
11           n=r;
12           r=m%n;                   // 把变量m和变量n的余数赋给变量r
13       }
14       cout<<"要等"<<m1*n1/n<<"天，兄弟俩见面";    // 输出天数
15       return 0;
16   }
```

测试程序　编译运行程序，程序运行结果如下图所示。请尝试修改参数，查看程序运行的结果，如哥哥12天回家一次，弟弟18天回家一次，兄弟两人同时在15日离家，计算出兄弟俩再见面的间隔天数。

```
要等24天，兄弟俩见面
--------------------------------
Process exited after 0.04111 seconds with return value 0
请按任意键继续. . .
```

答疑解惑　当求解两个整数的最小公倍数时，需要将代码中原来的变量m和变量n的值保存下来，因为两个变量值在程序执行时不断变化，而求解两个整数的最小公倍数需要两个整数原来的乘积，如果没有，程序结果会发生错误。

案例 40　坐井观天的青蛙

案例知识：do-while语句

住在废井里的青蛙认为天和井口一样大，好朋友乌龟告诉它，天要比井口大得多，为了验证乌龟说的话，青蛙决定爬出井口来看一看天的大小。已知井深10米，每天白天青蛙沿着井壁向上爬4米，晚上青蛙又沿着井壁下滑3米，青蛙要经过多少天才能从井口爬出？请你尝试用编程解决此问题。

1. 案例分析

提出问题　要确定青蛙爬出井口的天数，需要思考如下问题。

(1) 在第3天时青蛙距离井口还有多少米？

 (2) 如果青蛙刚好爬出井口，还需要计算晚上下滑的距离吗？

思路分析 青蛙每天不断重复着上爬下滑的过程，上爬的距离大于下滑的距离，因此用下滑的距离减去上爬的距离，就是青蛙每天距离井底的高度。另外，如果青蛙刚好爬出井口，则不需要再计算青蛙下滑的距离。

2. 案例准备

do-while语句 在C++语言中，do-while语句是先执行循环体中的语句，再执行循环条件，与while语句的执行顺序刚好相反，其基本格式如下。

> 格式：do{
> 语句1;
> ……
> } while (循环条件);
> 功能：首先执行循环体中的语句，再判断表达式的条件是否成立，所以使用do-while语句时，无论循环条件是否成立，都至少执行一次循环体中的语句。

算法设计 根据上面的思考与分析，完成算法流程图的设计。

设置变量：首先设置2个变量s和h，分别表示青蛙每天爬井的高度及水井的深度，再设置3个变量，即青蛙爬出井口的天数day、青蛙上爬的距离bhua，以及青蛙下滑的距离whua，如下图所示。

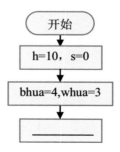

计算时间：设置循环条件s<h，即判断青蛙是否爬出井口，在循环体中设置判断条件s>=h，即当青蛙爬出井口时，满足判断条件，并退出循环，输出青蛙从井口爬出的天数，如下图所示。

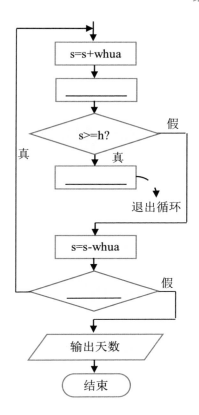

3. 案例实施

编写程序　根据设计的算法流程图，计算青蛙爬出井口时间的程序代码如下图所示。

```cpp
1  #include <iostream>
2  using namespace std;
3  int main(){
4      int h=10,s=0;                        // 定义变量h=10，s=0
5      int bhua=4,whua=3,day=0;             // 定义变量bhua=4，whua=3，day=0
6      do{
7          s+=bhua;                          // 计算青蛙白天向上爬的高度
8          day++;
9          if(s>=h)break;                    // 如果青蛙爬出井口，退出循环
10         s-=whua;                          // 计算青蛙夜晚掉下来的高度
11     }while(s<h);                          // 设置循环条件
12     cout<<"青蛙要"<<day<<"天，才能爬出井口看天";
13     return 0;
14 }
```

测试程序　编译运行程序，程序运行结果如下图所示。请尝试修改参数，查看程序运行的结果，如井深12米，每天白天青蛙沿着井壁上爬5米，晚上青蛙又沿着井壁下滑3米，求解青蛙爬出井口的天数。

```
青蛙要7天，才能爬出井口看天
------------------------------
Process exited after 0.7264 seconds with return value 0
请按任意键继续. . .
```

答疑解惑　在程序代码中，do-while语句和while语句有所不同，while语句中的while循环条件可以加，也可以不加，但do-while语句中while循环条件后一定要加";"，如果不加，程序编译时会发生错误。

案例 41 逢七必过小游戏

案例知识：do-while语句应用

刘小豆和小伙伴们在玩一个逢七必过的小游戏，游戏规则是：大家围坐在一起，其中有一人从1开始报数，如果遇到尾数是7的数字，则不报数，喊"过"，如果有人在游戏过程中报错了数，就需要给大家表演节目。试编写一个程序，模拟1~20的报数过程。

1. 案例分析

提出问题　要设计逢七必过游戏的程序，需要思考如下问题。

(1) 在游戏的过程中，如何提取一个数字的尾数？

 (2) 游戏中，报数需要满足什么条件，请写出条件表达式？

思路分析　本案例用循环语句输出所有的数，在输出之前需要判断当前数字的尾数是否为7，如果尾数是7，则屏幕显示"过"，如果尾数不是7，则将该数字显示在屏幕上。

2. 案例准备

coutinue语句　在C++语言中，continue语句的功能是结束本次循环，进入下一个循环周期，它与break语句的区别，是break语句是提前结束整个循环，不再判断执行循环的条件是否成立；而continue语句只是结束本次循环，而不是终止整个循环的执行，接着还要进行下次是否执行循环的判定。

算法设计　编写程序时需要1个计数变量i，然后依据计数变量i设置循环条件，在循环体中设置一个判断条件，即判断变量i的尾数是否为7，输出1~20的报数过程。根据上面的思考与分析，完成如下图所示的算法流程图设计。

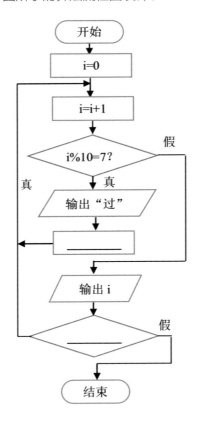

3. 案例实施 🔧

编写程序　根据设计的算法流程图，显示报数过程的程序代码如下图所示。

```cpp
1  #include <iostream>
2  using namespace std;
3  int main(){
4      int i=0;                              // 定义变量i=0
5      cout<<"1到20的报数过程："<<endl;
6      do{
7          i=i+1;
8          if(i%10==7){                      // 判断数字的尾数是否为7
9              cout<<"过"<<" ";              // 每次逢7，输出"过"
10             continue;                     // 结束本次循环
11         }
12         cout<<i<<" ";
13     }while(i<20);                          // 设置循环条件
14     return 0;
15 }
```

测试程序　编译运行程序，程序运行结果如下图所示。请尝试修改参数，如逢五必过，查看程序运行的结果。

```
1到20的报数过程：
1 2 3 4 5 6 过 8 9 10 11 12 13 14 15 16 过 18 19 20
--------------------------------
Process exited after 0.9715 seconds with return value 0
请按任意键继续. . .
```

答疑解惑　依据题意，只要遇到尾数为7的数，都要跳转到下一次循环判定处，这时要用continue语句来跳转，不能使用break语句，因为break语句会跳转到循环体外执行。另外，注意分支结构中不能使用continue语句。

案例 42　水仙花数有多少

案例知识：循环嵌套

数学中有一种特殊的数称为水仙花数，它也被称为自幂数。水仙花数是一个三位数，每一位上的数字的立方和等于它本身，如 $1^3 + 5^3 + 3^3 = 153$，153就是一个水仙花数。请你编写一个程序，求出所有的水仙花数。

1. 案例分析

提出问题　要求出所有的水仙花数，需要思考如下问题。

(1) 求水仙花数需要采用几重嵌套？

(2) 水仙花数中个位数的循环变量初值和终值是多少？

思路分析　可使用枚举算法来求水仙花数，所谓枚举算法的核心思想就是枚举所有的可能，首先枚举出百位、十位、个位上的数字，组合成新的三位数。接着依据水仙花数的概念，设置判定条件，如果成立，则输出这个三位数，如果不成立，继续枚举数字，并组合数字，进一步判断。

2. 案例准备

循环嵌套　循环嵌套是逻辑程序中常用的一种方法，是指在一个循环体语句中又包含另一个循环语句。它可以嵌套多层，从外层向内层执行循环，当内层循环语句执行完毕，回到上一级循环继续执行，直到最外层循环执行完毕，结束循环。在C++语言中，循环语句可以相互嵌套，如在while循环中可以嵌入for循环，也可以在for循环中嵌入while循环。

算法设计　根据上面的思考与分析，算法流程如下。

第一步：定义整型变量，命名为b、s、g和x。

第二步：使用三重循环，第一次循环枚举百位上的数字，并保存在变量b中。

第三步：循环枚举十位和个位上的数字，分别保存在变量s和g中。

第四步：将b×100+s×10+g的值赋给变量x。

第五步：设置选择条件，判断变量x的值是否为水仙花数，如果是，输出x。

3. 案例实施

编写程序　根据设计的算法，显示所有水仙花数的程序代码如下图所示。

```
1   #include <iostream>
2   #include <cmath>
3   using namespace std;
4   int main(){
5       int b,s,g,x;                          // 定义变量b、s、g和x
6       for(b=1;b<=9;b++)                      // 枚举百位上的数字
7           for(s=0;s<=9;s++)                  // 枚举十位上的数字
8               for(g=0;g<=9;g++){             // 枚举个位上的数字
9                   x=b*100+s*10+g;            // 组成新的三位数
10                  if(x==pow(b,3)+pow(s,3)+pow(g,3)){
11                      cout<<"水仙花数："<<x<<endl;
12                  }                          // 输出水仙花数
13              }
14      return 0;
15  }
```

测试程序　按F11键编译运行程序，其运行结果如下图所示。

```
水仙花数：153
水仙花数：370
水仙花数：371
水仙花数：407

--------------------------------
Process exited after 0.8929 seconds with return value 0
请按任意键继续. . .
```

答疑解惑　程序中的pow函数实现了幂运算功能，要使用它，必须在文件头加上"#include <cmath>"或"#include <math.h>"语句，如果没有，程序编译会发生错误。另外，要注意for语句多重循环嵌套的每层循环必须有唯一的循环控制变量，循环控制变量的增减运算要在其所在的那层循环中完成。

第 4 章

物以类聚——数组

通过前面的学习，我们已经掌握了 C++ 编程的基础知识，学会了程序控制基本结构，也能够编写一些简单的程序。但在实际应用中，我们常会遇到处理大量数据的情况，这时就需要将相同类型的、意义关联的数据放到一起处理，这就要用到数据类型。本章我们将学习 C++ 中重要的数据类型——数组。

数组是 C++ 中一种重要的数据结构，灵活多变、功能强大。把现实生活中的一组信息抽象成数组，是编程解决问题的重要思路，因此学好数组很重要。让我们一起来揭开 C++ 数组的神秘面纱吧！

学习内容

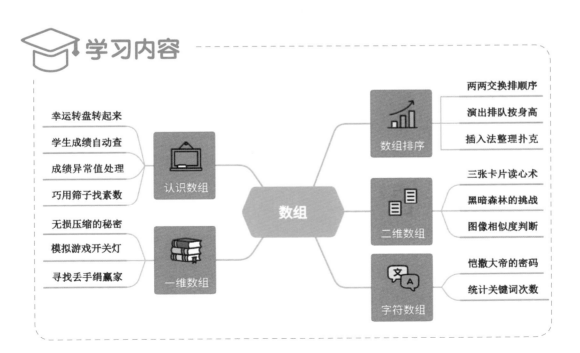

幸运转盘转起来

案例知识: 数组的定义

幸运大转盘是商家常用的营销小游戏,它通过随机抽奖的方式吸引顾客参与。游戏方法是参与者转动转盘,当转盘在某个位置停下时,指针所指的就是玩家最终获得的奖品。转盘的好玩之处在于其随机性,每个奖项都有被抽到的可能性。如何使用C++语言编程来实现幸运大转盘的功能呢?

1. 案例分析

提出问题 要用程序实现幸运大转盘的游戏功能,需要思考如下问题。

 (1) 如何存储幸运大转盘中的多个奖项?

 (2) 如何随机选出其中一个奖项?

思路分析 幸运大转盘其实就是从一系列数据中随机取出一个数据,可以使用C++数组来存储商品序列,并标上序号,然后生成一个随机数,以此数字为序号的商品即为抽中的奖品。

2. 案例准备

一维数组 C++语言中的数组是指用于存储多个相同类型元素的一个序列。相当于一个大盒子,里面分有很多小格,大盒的名字即为数组名,每个元素放到一个小格里,用下标来区分它们。如果幸运大转盘是一个数组,其中的每个奖项即为元素。

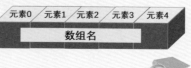

数组:相同类型的元素序列。

格式:数据类型 数组名[元素个数]=
{数组元素}

元素访问:数组名[下标] 下标从0开始。

使用随机数 C++语言中rand()可以得到一个随机数，但范围比较大，要想得到0~n的随机数，可以使用rand()%n。假如幸运大转盘需要设置8个奖项，则可以使用rand()%8，会产生0~7的随机数，正好可以用作奖项数组的下标。

随机抽奖过程：产生一个0~7的随机数，作为下标，从奖项数组中取出相应的内容。

数组	5元	10元	15元	20元	25元	30元	40元	50元
下标 →	0	1	2	3	4	5	6	7

算法设计 根据上面的思考与分析，完成如下图所示的算法流程图设计。

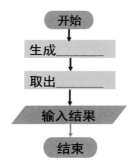

3. 案例实施

编写程序

```
1   #include <iostream>
2   #include<cstdlib>
3   #include<ctime>
4   using namespace std;
5   int main() {
6       int i;
7       int s[8]={5,10,15,20,25,30,50,70};   // 定义奖项数组
8       srand(time(0));                       // 使用时间作为随机数种子
9       i = rand()%8;                         // 生成随机数
10      cout <<"恭喜，您抽中了 " << s[i]<<"元优惠券！"<<endl;
11      return 0;
12  }
```

测试程序 多次运行程序，查看抽到的优惠券金额，观察是否在程序定义的列表之中。程序运行结果如下图所示。

```
恭喜，您抽中了 10元优惠券！
--------------------------------
Process exited after 0.09583 seconds with return value 0
请按任意键继续. . .
```

答疑解惑　在使用rand()生成随机数时需要有一个"种子"，它可以使每次产生的随机数都不同。本案例程序中使用了srand(time(0))，意思是用当前时间作为"种子"，我们可以尝试把这行代码去掉，多次测试，看看会出现什么问题。

案例 44　学生成绩自动查

案例知识：数组元素访问

每次考试后，同学们都想快速查到分数，查分流程通常是同学说出学号，老师在一堆试卷里找出卷子并报出得分，过程比较费时费力。小李同学希望通过C++语言编写一个查分程序，使同学们只要输入学号，计算机就能自动显示他们的成绩。

1. 案例分析

提出问题　要实现成绩查询程序，需要先思考如下问题。

(1) 学生们的成绩存储在哪里？使用什么数据类型？

(2) 如何通过学号和密码查询到学生的成绩？

思路分析　成绩都是相同的数据类型，可以使用数组来存储，程序定义一个实数型的score数组即可。数组元素可以使用下标来访问，本例用下标来模拟学号，通过下标来访问数组元素，即可实现查分。

2. 案例准备

数组类型   C++数组把类型相同的若干元素放在一起，定义时需要指定元素个数，即数组的长度，以及数据的类型。如下图所示定义的数组score，类型为实数型，长度为5，即包含5个元素，并且每个元素都赋初始值为0。

格　式：数据类型 数组名[长度]

功　能：定义一个数组，指定其长度和数据类型。

例：double score[5]={80.5,90.0,88.5,75.0,90.5}，表示定义一个数据类型的数组，有5个元素。

数组访问   C++中使用"数组名[下标]"来访问数组元素，下标从0开始，且下标不得超过数组长度−1。在下图所示的数组中，score[0]指0号元素，即80.5，score[4]指4号元素，即90.5，score[5]超出界限了，会报错。

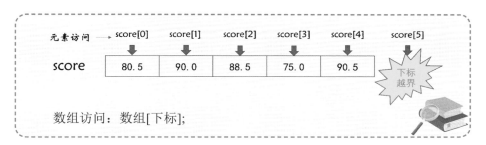

算法设计   根据上面的思考与分析，本例的算法流程图如下。

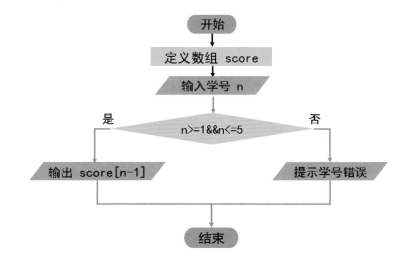

3. 案例实施

编写程序

```
1   #include <iostream>
2   using namespace std;
3   int main() {
4       int n;
5       double score[5]={80.5,90.0,88.5,75.0,90.5};    // 定义数组
6       cin>>n;                                          // 输入学号
7       if(n>=1&&n<=5)                                   // 判断范围
8           cout <<n<<"号同学，你的成绩是： " << score[n-1]<<endl;
9       else
10          cout<<"学号输入错误，请重新输入！ ";
11      return 0;
12  }
```

测试程序　运行程序，输入学生的学号，观察查询结果。

答疑解惑　注意下标是从0开始的，而学号是从1开始的，所以在数组访问时使用score[n-1]的形式查询成绩。数组往往与循环语句结合使用，以方便读取和处理其中的每个元素。

4. 案例拓展

增加密码　如果只输入学号就能够查询成绩，则无法充分保护同学们的隐私，因此可以设置一个密码，以确保数据的安全性和隐私性。

修改思路　为了减少用户输入的次数，在输入学号的同时输入一个密码判，只有输入正确的密码才能查询出相应学号的成绩，代码修改如下。

```
1   #include <iostream>
2   using namespace std;
3   int main() {
4       int n,pwd;
5       double score[5]={80.5,90.0,88.5,75.0,90.5};    // 定义数组
6       cin>>pwd>>n;                                     // 输入学号
7       if(pwd='111111'){                                // 判断范围
8
9           if(n>=1&&n<=5)
10              cout <<n<<"号同学，你的成绩是： " << score[n-1]<<endl;
11          else
12              cout<<"学号输入错误，请重新输入！ ";
13      }
14      else{
15          cout<<"密码错误！ ";
16      }
17      return 0;
18  }
```

测试程序 运行程序，输入密码和学号，程序运行结果如下图所示。

```
111111 4
4号同学，你的成绩是：75

--------------------------------
Process exited after 10.84 seconds with return value 0
请按任意键继续. . .
```

案例 45 成绩异常值处理

案例知识：数组元素修改

李老师通过对班级中同学成绩的分析，了解每位同学的学习状况。但有时也会有些异常情况，比如0分，如果直接纳入计算，将会严重影响成绩分析的结果，如果直接去掉，又会影响个人的总分合成。能否使用该学科的平均分来自动填充呢？

1. 案例分析

提出问题 李老师遇到的问题其实是数据分析中常见的处理缺失值问题，属于"数据清洗"工作。处理该问题的方法有很多，在这里比较适合使用"均值填充法"，即将空缺的数据赋一个该组成绩的平均值。如何通过编程实现呢？需要考虑如下2个问题。

(1) 用什么数据类型表示这些成绩？如何修改某个元素的值？

(2) 如何按顺序处理数组的每个元素，计算非空元素的平均值？

思路分析　定义数组data用于存放一组成绩，定义变量avg用来保存平均分。通过for循环来遍历成绩数组，检查每个元素，将不为0的分数相加再除以个数，即可得到平均分；再依次判断成绩数组中的每个元素，将0值的成绩修改成平均分即可。

2. 案例准备

认识数组遍历　遍历指按照一定顺序把数组中的每个元素都访问一遍，在C++中一般使用循环来实现。

数组元素的遍历　C++中一般用for循环来遍历数组。下面的程序段可以从数组中找到非0值的元素，并将它们加起来，同时用变量n记录下这些元素的个数。

```cpp
double data[10]={75,90,82,0,93,88.5,72,69,0,88};
for (i=0,i<10,i++)
    {
    if (data[i]>0)
        {
            sum=sum+data[i];
            n=n+1;
        }
    }
```

数组元素的修改　数组元素的值可以通过下标访问，也可以使用下标来实现赋值。如data[2]=85.5语句，即可将数组data中下标为2的元素赋值为85.5。

算法设计　根据上面的思考与分析，算法流程如下。

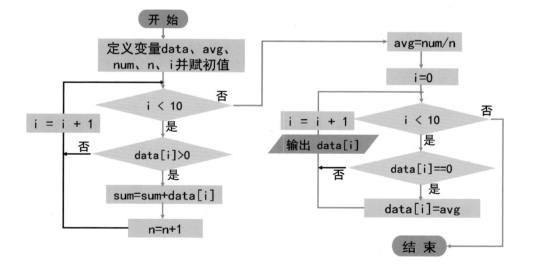

3. 案例实施

编写程序

```
1   #include <iostream>
2   #include<iomanip>
3   using namespace std;
4   int main() {
5       int n=0,i;
6       double avg,sum=0;
7       double data[10]={75,90,82,0,93,88.5,72,69,0,88};
8       for (i=0;i<10;i++){         // 第一次遍历数组，计算非0元素的平均值
9           if (data[i]>0){
10              sum=sum+data[i];     // 将非0元素累加到sum中
11              n=n+1;
12          }
13      }
14      avg=sum/n;
15      for (i=0;i<10;i++){         // 第二次遍历数组，将0分替换成平均值
16          if(data[i]==0){
17              data[i]=avg;
18          }
19          printf("%.1lf  ", data[i]);;
20      }
21      return 0;
22  }
```

测试程序　运行程序，其运行结果如下图所示，第4和第9个成绩已经被平均值替代了。

```
75.0  90.0  82.0  82.2  93.0  88.5  72.0  69.0  82.2  88.0
--------------------------------
Process exited after 0.07718 seconds with return value 0
请按任意键继续. . .
```

案例
46

巧用筛子找素数
案例知识：数组的遍历

　　素数又叫质数，指的是大于1的整数中只能被1和本身整除的数。希腊人发明了一种求素数的方法，他们把数写下来，从2开始依次划去它的倍数，再从下一个数开始，再划去它的倍数，每划一个数，就在上面记一个小点，寻求质数的工作完毕后，这许多小点

就像一个筛子，所以简称"素数筛"。如何用C++编程来模拟素数筛，筛选出1000以内的素数呢？

1. 案例分析

提出问题　要使用C++编程模拟素数筛，需要思考如下问题。

(1) 如何依次将某个数的倍数全部删除？

(2) 如何防止下标越界错误？

思路分析　开辟一个长度为1000的数组，将每个数组元素直接赋给它的下标，即0～999来模拟1000以内的数；然后从下标2开始，将后面它的倍数划去(赋为0)，再找下一个非0数，并将其后面的倍数全部划去。以此往复，剩下的便是素数了。

2. 案例准备

数组的初始化　在C++中，定义一个数组可以理解为开辟一块内存空间，这块空间原来可能有数据，直接使用会产生不确定的问题，因此数组使用前最好进行初始化。一般数组会配合使用for来进行初始化。下面的程序将数组元素全部赋值为其下标值。

```
int num[1000];
for (i=1;i<1000;i++){
    num[i]=i;
}
```

下标越界　在C++中，如果在取数组元素或者赋值时，下标超出了范围，就会引发"下标越界"错误，需要特别小心。根据题意，筛选的过程就是将某个数的倍数全部"划去"，即赋值为0，此处需要使用循环嵌套，内层循环要考虑下标不能越界，因此循环结束的条件为j<=1000/i。

算法设计　根据上面的思考与分析，算法流程如下。

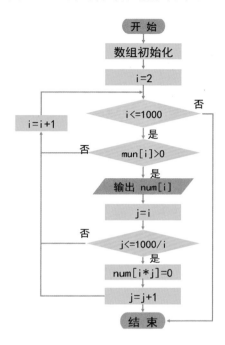

3. 案例实施

编写程序

```cpp
1   #include <iostream>
2   #include <math.h>
3   using namespace std;
4   int main(){
5       int i,j;
6       int num[1000];
7       for (i=1;i<1000;i++){          // 数组每个元素赋初始值，即下标数字
8           num[i]=i;
9       }
10      for (i=2;i<1000;i++){          // 从2开始遍历整个数组
11          if(num[i]>0){              // 判断如果为非0数则为素数
12              cout<<num[i]<<"   ";   //  先把素数输出
13              for (j=2;j<=1000/i;j++){ // 再找出后面所有的这个素数的倍数
14                  num[i*j]=0;        // 将相应的倍数"划去"，即赋为0
15              }
16          }
17      }
18      return 0;
19  }
```

测试程序　运行程序，其运行结果如下图所示，输出1000以内所有的素数。也可以尝试修改程序，找出更多的素数。

```
2   3    5    7    11   13   17   19   23   29   31   37   41   43   47   53   59   61   67   71   73   79   83   89   97
101  103  107  109  113  127  131  137  139  149  151  157  163  167  173  179  181  191  193  197
199  211  223  227  229  233  239  241  251  257  263  269  271  277  281  283  293  307  311  313
317  331  337  347  349  353  359  367  373  379  383  389  397  401  409  419  421  431  433  439
443  449  457  461  463  467  479  487  491  499  503  509  521  523  541  547  557  563  569  571
577  587  593  599  601  607  613  617  619  631  641  643  647  653  659  661  673  677  683  691
701  709  719  727  733  739  743  751  757  761  769  773  787  797  809  811  821  823  827  829
839  853  857  859  863  877  881  883  887  907  911  919  929  937  941  947  953  967  971  977
983  991  997
--------------------------------
Process exited after 0.03974 seconds with return value 0
请按任意键继续. . .
```

答疑解惑　程序使用了循环嵌套的方法，外层循环遍历数组的每个元素，从2开始，找出非0的即为素数；而内层循环负责将当前素数的倍数全部置为0。由此程序可以看出，循环是操作数组最高效的方式，但需要特别小心，下标不能越界。

案例 47　无损压缩的秘密

案例知识：数组元数的统计

小李发现了一个神奇的现象，一张照片原来有8MB，经过压缩后只有500KB，但图像色彩并未丢失，这说明图片中有许多冗余数据。我们能否用C++来编写程序找出图像中的冗余，从而实现无损压缩呢？

颜色表示为：
BBBBBBBBBBGGGGR
RRRRRRRBBBBBBBBB
可以压缩为：
B10G5R8B9

1. 案例分析

提出问题　彩色图像的颜色是丰富多彩的，有256色、24色、16色等。在本案例中，为了方便编程，使用了较少的16种颜色。在使用C++编程前，需要思考如下问题。

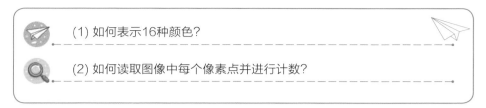

(1) 如何表示16种颜色？

(2) 如何读取图像中每个像素点并进行计数？

思路分析 图像是由像素点组成的，而相邻像素具有极高的相似性，因此存在大量重复数据，通过记录一个像素加重复次数的方式，即可去除大量冗余数据，达到压缩图像的目的。可以使用ABCDEFGHJKLMNOPQ等十六个字母来表示16种颜色，将每一行像素放在一个数组中，遍历该数组，记录当前元素与后一个元素是否相同并进行计数，将结果放到一个新的数组中，即完成压缩。

2. 案例准备

判断连续元素 在C++中，数组可通过下标来访问，建立一个循环，从第2个元素开始读取，判断每个元素是否与之前一个元素相同，能够用什么语句来实现。请思考并尝试补充代码：

```
string s="BBBBBBAAAACCCGGGGGFFGGGBBBBBBDDDDDD";
               ↑       ↑
               ①       ⑥
for(int i=1;i<s.size();i++){
        if(s[i]!=s[i-1]){

        }
        else{

        }
}
```

思考：当i=1时，当前元素与前一个元素相同，应如何操作？
     当i=6时，当前元素与前一个元素不同，应如何操作？

如何计数 用一个变量k来记录连续的次数，初始值应为1，当找到相同元素时增加1个，否则再回归到1重新计数，读取完一段连续的颜色后立即输出结果。

```
if(s[i]!=s[i-1]){
        cout<<s[s.size()-1]<<k;
else k++;
```

算法设计 根据上面的思考与分析，算法流程如下。

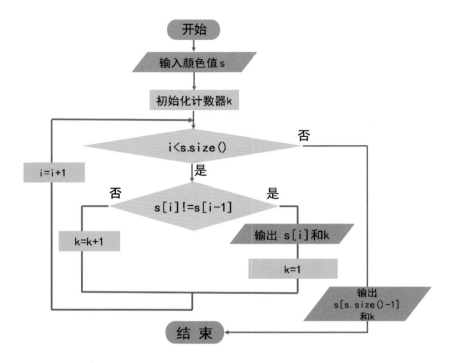

3. 案例实施 🔧

编写程序

```
1   #include <iostream>
2   #include <math.h>
3   using namespace std;
4   int main(){
5       int k=0;
6       string s;
7       cin>>s;                    // 输入颜色值
8       for(int i=1;i<s.size();i++){
9           if(s[i]!=s[i-1]){
10              cout<<s[i-1]<<k;
11              k=1;               // 不连续时，输出并使计数归1
12          }
13          else k++;              // 连续时，只计数即可
14      }
15      cout<<s[s.size()-1]<<k;    // 输出最后一项
16      return 0;
17  }
```

测试程序　运行程序，输入颜色数，其运行结果如下图所示。

```
BBBBBBAAAACCCGGGGGFFGGGBBBBBBBBDDDDDD
B5A4C3G5F2G3B7D6
-------------------------------
Process exited after 3.228 seconds with return value 0
请按任意键继续...
```

答疑解惑　在实际的图像压缩算法中，颜色数是使用专门的软件进行提取的，并不是手工输入的。在本案例中，输入的颜色数是字符串，而处理字符串使用的是数组的方法。其实，在C++中字符串也是特殊的数组，后面的案例会继续探究字符串数组。

案例 48　模拟游戏开关灯

案例知识：布尔型数组

假设一条路上有N盏灯依次排列，游戏开始时它们全部处于开启状态。有M个小朋友经过，编号1的人将灯全部关闭，编号2的人将号码为2的倍数的灯打开，编号3的人将号码为3的倍数的灯做相反处理(即将打开的灯关闭，将关闭的灯打开)。依照编号递增顺序，以后的人都和3号一样，将是自己编号倍数的灯做相反处理。请问：当第M个人操作之后，哪几盏灯是关闭的？

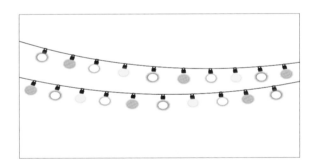

1. 案例分析

提出问题　使用C++程序模拟开关灯的游戏，需要思考如下问题。

(1) N盏灯用什么数据类型表示，更方便进行开关操作？

(2) 如何快速实现每个小朋友只操作自己编号倍数的灯？

思路分析　数组是一系列相同类型数据组成的序列，正好可以模拟问题中的一排路灯。依次访问数组元素，遇到相应倍数的下标即改变相应的数组元素值即可。

2. 案例准备

如何模拟开关灯　路灯只有两种状态：开和关。使用布尔类型来表示，开为true，关为false。请阅读下面的代码，写出路灯的开关状态。

```
bool a = true;          // 输入颜色值
bool b = false;
cout<<(a&b);            // 输出结果：_____
cout<<!b;               // 输出结果：_____
b=!b;
cout<<(a|b);            // 输出结果：_____
```

> 思考：在开关灯游戏中，每个小朋友将与自己编号相应的灯进行相反的操作，应该使用_____运算符。

如何快速定位　游戏中每个小朋友操作的灯是自己编号的倍数，可以使用for循环指定步长来快速找到这些元素。阅读下面的程序，写出输出的序号。

```
int n=4,m=15;
for (int i=n;i<=m;i+=n) cout<<i<<" ";
```

> 思考：程序中i+=n的作用是：_____；
>   程序输出的结果是：_____。

算法设计　根据上面的思考与分析，算法流程如下。

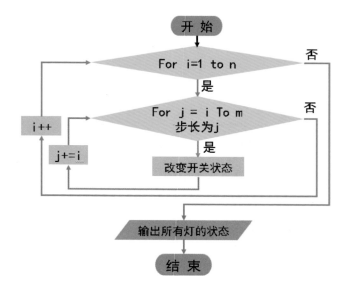

3. 案例实施

编写程序

```cpp
1   #include <iostream>
2   using namespace std;
3   int m,n;
4   int main(){
5       cin>>m>>n;                        // 输入灯数m，人数n
6       bool stu[m+1]={0};
7       for (int i=1;i<n+1;i++){          // n个人依次去开灯
8           for (int j=i;j<m+1;j+=i){     // 以编号i作为循环步长
9               stu[j]=!stu[j];           // 改变灯的开关状态
10          }
11      }
12      for(int i=1;i<m+1;i++){
13          if(stu[i])cout<<i<<" ";       // 输出开灯的编号
14      }
15      return 0;
16  }
```

测试程序　运行程序，输入灯的个数50、人数42，其运行结果如下图所示。

```
50
42
1 4 9 16 25 36 43 44 45 46 47 48 50
--------------------------------
Process exited after 5.395 seconds with return value 0
请按任意键继续. . .
```

答疑解惑　本案例中，第8行使用了循环访问数组元素，当第i个学生关灯时，用i作为循环的步长来遍历数组，正好可以操作编号为i倍数的元素，减少了循环执行的次数，提高了效率。

案例 **49** **寻找丢手绢赢家**
案例知识：访问环形结构数组

丢手绢是我们儿时最喜欢玩的游戏，n个编号为1～n的小朋友围成一圈，约定编号为t的人开始传递手绢，传到第m个人出圈，接着又从1开始计数，数到第m个数的人又退出圈，以此类推，最后圈内只剩下一个人，这个人就是游戏赢家。你能用C++编程算出谁是赢家吗？

1. 案例分析

提出问题 丢手绢问题是一个经典的数学问题，由著名历史学家约瑟夫斯提出，也称为约瑟夫斯环问题。想要使用C++编程算出赢家，我们可以先思考如下问题。

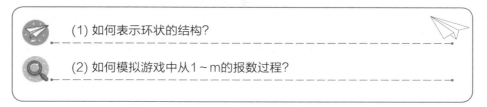

(1) 如何表示环状的结构？

(2) 如何模拟游戏中从1～m的报数过程？

思路分析 对于游戏中的每个小朋友来说，只有圈内和出圈两种状态，因此可以用布尔型数组标记每个人的状态，可用true表示已出圈，false表示在圈内。数组初值全部赋为false，然后用循环来模拟游戏的过程。

2. 案例准备

理解游戏过程 下图模拟了n=5，m=3，t=2的情况，从2号开始传递手绢，5个小朋友围成一个圈，传到第3个人时出圈。则出圈的顺序为4号、2号、1号、3号，最后的赢家为5号。

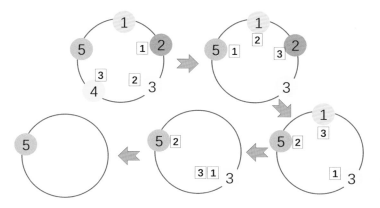

用数组表示环　本游戏中，丢手绢时小朋友围成了一个圈，是环形结构，而数组是线性结构。那么，如何用数组来表示环呢？请思考下面语句的含义。

```
if(++t>n)t=1;
```

思考：程序中++t的作用是：＿＿＿＿＿＿＿＿＿＿＿＿＿＿＿＿＿；
　　　当＿＿＿＿＿＿＿＿＿＿＿＿＿＿＿＿＿时，t重新回到1.
　　　模拟＿＿＿＿＿＿＿＿＿＿个人组成的环形结构。

算法设计　根据上面的思考与分析，算法流程如下。

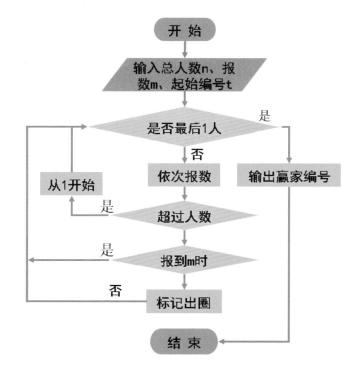

3. 案例实施

编写程序

```
1  #include<iostream>
2  using namespace std;
3  main(){
4      bool a[100]={0};              // 初始赋值为0，即为false
5      int n,m,i,f=0,t,s=0;          // 定义变量，并初始化
6      cin>>n>>m>>t;                 // 输入n个小朋友，编号t开始丢手绢，m出圈
7      while(f<n){                   // 出圈人数小于n时继续传递
8          if(!a[t]){                // 当状态为false，则参与传递
9              if(f==n-1){cout<<t; break;} // 最后一个为赢家
10             s++;
11         }
12         if(s==m){                 // 报到m时，置为true，并计数
13             s=0; f++; a[t]=true;
14         }
15         if(++t>n)t=1;             // 超过t则重归于1，模拟一个圈
16     }
17 }
```

测试程序　运行程序，测试20个小朋友，从第2个小朋友开始传递手绢，每传到7次即出圈，最后一个赢家是编号为4的小朋友，运行过程如下图所示。

```
20
7
2
4
--------------------------------
Process exited after 5.043 seconds with return value 0
请按任意键继续. . .
```

答疑解惑　程序中变量解读bool a[100]={0}，定义的是一个布尔型数组，初始值全部为false；int n,m,i,f=0,t,s=0，其中s用于计数，当达到m时即标记为出圈，并且归0，f用于统计出圈的人数，初始为0，当达到n-1时，说明只剩下最后一位了，输出即可。

案例	两两交换排顺序	
50	案例知识：数组的冒泡排序	

小朋友们在做游戏，他们并排站在一根横木上，现在需要将他们按照身高从高到矮

排列，同一时间只能允许2个相邻的小朋友交换位置。请用C++模拟这一过程，看看如何快速排好队。

1. 案例分析

提出问题　要使用C++为小朋友排好队，先思考如下问题。

(1) 如何通过相邻两个数的交换实现排序？

(2) 如何方便地实现两个数之间的交换？

思路分析　本例实质上是排序问题，要让序列从无序状态变成有序状态，可以逐一比较相邻2个数，把较大者往右放，较小者往左放，就可以使得较大者逐渐"冒"上来，而较小者逐渐"沉"下去，这种排序方法就是"冒泡排序法"。下图模拟了第1趟排序的过程，请写出第2、3趟排序的结果。

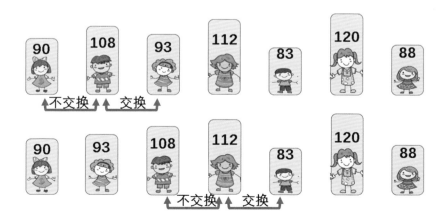

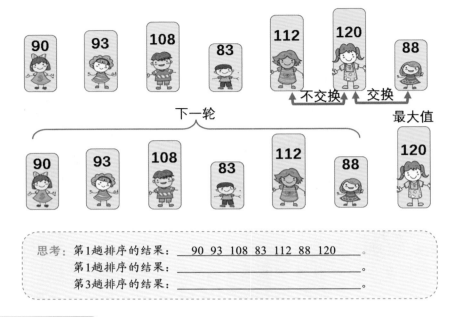

思考：第1趟排序的结果： <u>90　93　108　83　112　88　120</u> 。
　　　第1趟排序的结果： ＿＿＿＿＿＿＿＿＿＿＿＿ 。
　　　第3趟排序的结果： ＿＿＿＿＿＿＿＿＿＿＿＿ 。

2. 案例准备

　　构建排序循环　观察排序的过程，每一轮排序都会有一个最大值"冒"出来，比如第1轮的120，第2轮的112。因此，需要构建一个二层循环，外层n个元素的数组最多执行n轮，内层每下一轮循环只需要排左边无序的部分即可，每轮少一次。请补充右面的代码：

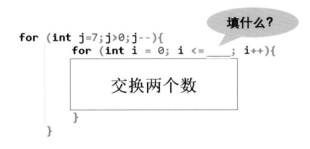

填什么？

```
for (int j=7;j>0;j--){
    for (int i = 0; i <= ___; i++){
        交换两个数
    }
}
```

　　交换2个变量　将2个变量比喻为两杯水，要交换两杯水，最好加入一个空杯子，如图所示。先把a杯的水倒入temp，再把b杯的水倒入a杯，最后把temp里的水倒入b杯。请写出相应的程序。

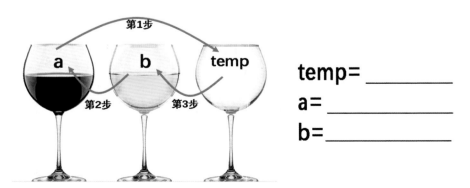

temp= ＿＿＿＿＿＿
a= ＿＿＿＿＿＿
b= ＿＿＿＿＿＿

算法设计　根据上面的思考与分析，设计算法流程如下。

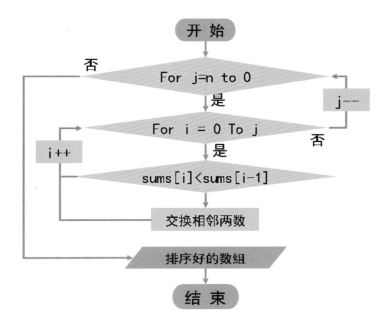

3. 案例实施

编写程序

```
1   #include <iostream>
2   using namespace std;
3   int main(){
4       int nums[7] = {90,108,93,112,83,120,80};
5       for (int j=7;j>0;j--){
6           for (int i = 0; i <= j-1; i++){
7               if (nums[i] < nums[i-1]){ // 当后一个数比前一个小，则交换
8                   int t= nums[i];       // 借助中间变量，交换两数
9                   nums[i] = nums[i-1];
10                  nums[i-1] = t;
11              }
12          }
13      }
14      for (int i = 0; i < 7; i++)
15          cout << nums[i] << " ";       // 输出排序后的数组
16      return 0;
17  }
```

测试程序　运行程序，运行结果如下图所示。

```
80 83 90 93 108 112 120
----------------------------------
Process exited after 0.4591 seconds with return value 0
请按任意键继续. . .
```

答疑解惑　从测试程序不难看出，只需要经过5轮交换，即可完成排序，后面两轮未进行任何操作。因此，可以加入一个变量，记录交换状态，当一轮下来没有交换时，就可以使用break关键字终止循环。

案例 51 演出排队按身高
案例知识：数组的选择排序

军训汇报表演时，需要按身高排队。小李提出了一个排队方法：先选出n个士兵中身高最高者出列，站到新的队伍，剩下n-1个士兵中再选身高最高者，接到新的队伍之后，以此类推，所有士兵都出列了，新的队伍也就排好了。请编写程序模拟这种排队的过程。

1. 案例分析

提出问题　要模拟排队的过程，我们需要先思考如下问题。

　(1) 如何找出一组数据中的最大值？

　(2) 选出来的最大值存放在哪里？

思路分析　本例实质上是利用选择最大值的方式进行数组排序，被称为选择排序。在n个数的数组中，每轮排序中，从左侧n-1个数中选出一个最大值，并与最后一个元素对调位置，经过n-1轮，即可实现排序目的。

第1轮：	180	175	187	190	173	177	169	192	183	185

最高

第2轮：	192	175	187	190	173	177	169	180	183	185

最高

第3轮：	192	190	187	175	173	177	169	180	183	185

最高

第4轮：	192	190	187	175	173	177	169	180	183	185

最高

······ 　　　　　有序队伍　　　　　　　　　　　　　　无序队伍

2. 案例准备

找出最大值　请补充下面的程序，实现在数组的前n项中找出最大值。

```
for(int i=1;i<10;i++){
    if(a[max]<a[i]){
        max=_____
    }
}
```

思考：此处应填_____，变量max只需要记录下标，
循环结束时，max的位置即为最大值。

算法设计　根据上面的思考与分析，算法流程如下。

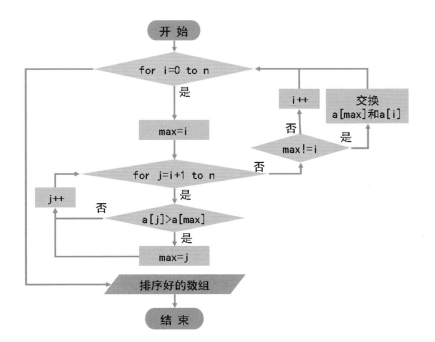

3. 案例实施

编写程序

```
1   #include <bits/stdc++.h>
2   using namespace std;
3   int a[10]={180,175,182,190,173,177,169,192,185,183};
4   int main(){
5       for(int i=0;i<10;i++){
6           int max=i,temp=0;            // max记录最大值，temp用于交换
7           for(int j=i+1;j<10;j++){
8               if(a[max]<a[j])max=j;    // 当前值较大时，记录下标值
9           }
10          if(max!=i){                  // 如果max记录值不是i，则交换
11              temp=a[max];             // 交换最大值到最前面
12              a[max]=a[i];
13              a[i]=temp;
14          }
15      }
16  for (int i=0;i<10;i++)cout<<a[i]<<" ";
17  }
```

测试程序　运行程序，其运行结果如下图所示。

```
192 190 185 183 182 180 177 175 173 169
--------------------------------
Process exited after 0.35 seconds with return value 0
请按任意键继续. . .
```

案例 52 插入法整理扑克

案例知识：数组的插入排序

李明正在和同学玩扑克游戏，他把自己手中已有的扑克有序摆好，然后从一堆无序的扑克中每摸出一张，就按从大到小的顺序插入合适的位置，从而快速整理好扑克的顺序。请你用C++编程来模拟这一过程。

1. 案例分析

提出问题 要排列扑克的顺序，需要先思考如下问题。

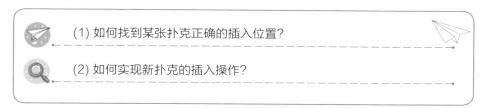

(1) 如何找到某张扑克正确的插入位置？

(2) 如何实现新扑克的插入操作？

思路分析 本案例实际上是数组的插入法排序，可以用一个数组a模拟桌上无序的扑克，另一个数组b模拟手上有序的扑克。理扑克的过程就是从无序的数组b中依次取出元素，与数组a从小到大逐个比较，直到找到正确的插入位置即可。

手上"有序"的扑克   桌上"无序"的扑克

2. 案例准备

确定移动方向 本例中需要将扑克从小到大排列，可以将数组左边部分视为有序状态，右边视为无序状态。每次从右边取出一张，用变量temp存放，再逐一从大到小比较，较大数正好可以右移，当数字不大于temp时，即找到插入位置，后面不再比较。

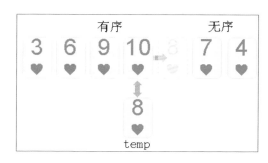

元素右移 数组中的元素均有唯一的下标，使用b[i+1]=b[i]，即可把数组b的下标为 i 的元素移到 i+1 的位置，而 i+1 位置的元素将被覆盖。因此，在对数组进行移动操作时，要先保存好目标位置的元素。

插入后不再比较 当找到插入位置，把temp放置好之后，后面的将不再需要比较，此时可以使用break语句，将内层循环结束。

算法设计 根据上面的思考与分析，算法流程如下。

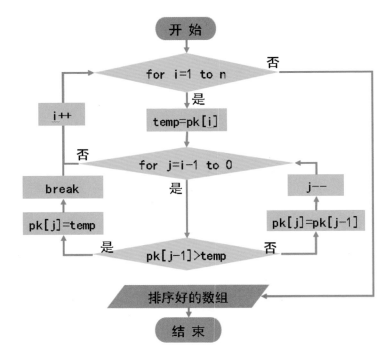

3. 案例实施

编写程序

```cpp
1   #include <iostream>
2   using namespace std;
3   int main(){
4       int pk[10] = {1,9,5,7,3,6,5,8,10,4};
5       int temp;
6       for(int i=1;i<10;i++){          // 外层循环，从下标1开始
7           temp=pk[i];                 // 用temp记录下取出的扑克
8           for(int j=i;j>0;j--){       // 内层循环，从取出位置往回找
9               if(pk[j-1]>temp){       // 如果比temp大，则往右移1位
10                  pk[j]=pk[j-1];
11              }else{                   // 否则把temp放到此位置
12                  pk[j]=temp;
13                  break;               // 已找到位置，跳出内层循环
14              }
15          }
16      }
17      for (int i = 0; i < 10; i++){
18          cout << pk[i] << " ";        // 输出排序好的扑克
19      }
20  }
```

测试程序　编译运行程序，其运行结果如下图所示，已实现了排序。

```
1 3 4 5 5 6 7 8 9 10
--------------------------------
Process exited after 0.3239 seconds with return value 0
请按任意键继续. . . _
```

案例 53　三张卡片读心术

案例知识：字符数组与二进制

魔术师展现了一个神奇的魔术，他先让玩家回忆一下过去一周最快乐的一天是星期几，记在心里，然后依次出示如下3张卡片，玩家只需要回答心里想的那一天在或者不在该卡片上，魔术师即可准确猜出玩家心里想的是星期几。请你揭秘这个魔术，并用C++编程实现。

星期四	星期二	星期一
星期五	星期三	星期三
星期六	星期六	星期五
星期日	星期日	星期日

1. 案例分析

提出问题　要找出这个魔术的秘密，我们需要先思考如下问题。

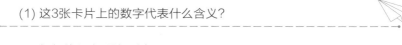

(1) 这3张卡片上的数字代表什么含义？

(2) 如何编程实现这一过程？

思路分析　一周七天，转化成二进制需要用三位数来表示，分别是001~111，观察这些二进制数的特点与3张图的关系，会发现3张卡片分别表示了二进制数对应位置为1的星期。再看玩家的回答，"在"用1表示，"不在"用0表示，实际上就得出了心中所想的那个数的二进制数。如下图中，玩家对3张图的回答是"在，不在，在"，用101表示，则答案是星期五。

星期四	星期二	星期一
星期五	星期三	星期三
星期六	星期六	星期五
星期日	星期日	星期日

在	不在	在
1	0	1

二进制数			十进制数	星期
0	0	1	1	星期一
0	1	0	2	星期二
0	1	1	3	星期三
1	0	0	4	星期四
1	0	1	5	星期五
1	1	0	6	星期六
1	1	1	7	星期日

2. 案例准备

二进制转成十进制 二进制数逢二进一，每位上只有0或1，从低位到高位分别表示 $2^0=1$，$2^1=2$，$2^2=4$，$2^3=8$，$2^4=16$……在本案例中，假设回答为101，则十进制为 $1×4+0×2+1×1=5$。

引导用户输入 本案例的魔术是一个互动的过程，需要使用一些提示语。分别出示3 张卡片，提示用户输入，0表示"不在"，1表示"在"，并记录到数组中。下面的语句 为实现输入的过程。

```
for(int i=0;i<3;i++){
    cout<<t[i]<<endl;
    cin>>ans[i];
}
```

算法设计 根据上面的思考与分析，算法流程如下。

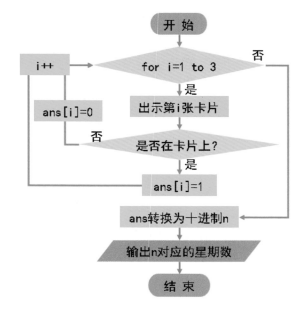

3. 案例实施

编写程序

```
1   #include <iostream>
2   using namespace std;
3   int m,n;
4   int main(){
5       string week[7]={"星期一","星期二","星期三","星期四","星期五","星期六","星期日"};
6       string t[3]={"红卡片：是这几天中的一天吗？星期四、星期五、星期六、星期日",
7                    "蓝卡片：是这几天中的一天吗？星期二、星期三、星期六、星期日",
8                    "黄卡片：是这几天中的一天吗？星期一、星期三、星期五、星期日"};
9       int ans[3]={0,0,0};                              // ans存放三位二进制数
10      cout<<"读心术，请回忆你过去一周最快乐的一天!"<<endl;
11      for(int i=0;i<3;i++){
12          cout<<t[i]<<endl;                            // 提示输入
13          cin>>ans[i];
14      }
15      int n=ans[0]*4+ans[1]*2+ans[2];                  // 二进制转换成十进制
16      cout<<"你过去一周最快乐的一天是："<<week[n-1]<<endl;  // 从星期数组中取出答案
17      return 0;
18  }
```

测试程序 运行程序，输入用户的选择，其运行结果如下图所示。

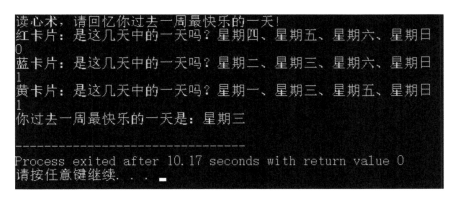

答疑解惑 本案例中表示星期的week，提示输入字符t，都是字符型数组，即类型为string的数组，每个元素都可以存放一个字符串。最后输出时，使用week[n-1]是因为week数组下标从0开始，星期一对应的是下标0的位置。

案例 54 黑暗森林的挑战
案例知识：二维数组的索引

"三体"游戏中描述的宇宙生存法则叫作黑暗森林法则，简单来说，就是"在隐藏好自己文明的同时消灭其他文明"，为了准确标注每个文明的位置，三体人把宇宙划分成M*N的矩阵，并用不重复的数字给它们编号，三体星系在0号位置。当其他文明暴露出

自己的位置时，三体人即可向它们发射"水滴"武器，将其毁灭，但"水滴"只能沿着水平或垂直方向攻击。现输入地球的位置，判断是否在攻击范围。

1. 案例分析

提出问题　本案例描述的其实是一个矩阵问题，要判断地球是否在攻击范围，需要思考如下问题。

(1) 在C++中如何表示矩阵？

(2) 如何找到矩阵中的元素，并读取某元素的行列位置？

思路分析　首先定义矩阵，每个元素中的数值表示星球的编号。找出编号为0的元素，即三体所在的行和列的位置，然后与地球所在行和列的位置进行比对，如果行号相同，或者列号相同，则处于"水滴"武器的攻击范围，否则将不会被攻击。

	0	1	2	3	4
0	99	177	209	221	876
1	120	112	128	43	86
2	204	45	119	232	78
3	231	0	134	101	121
4	456	82	102	290	56
5	42	725	111	321	211
6	46	143	120	119	467

三体0号星球位置：1，3

地球86号位置：4，1

暂时不在攻击范围……

2. 案例准备

二维数组 C++数组的元素类型有很多，当多个数组成为一个更大的数组元素时，即构成了二维数组。反之，一个二维数组可以分解成多个一维数组。如下图所示，数组a[3][4]就包含3个一维数组a[0]、a[1]、a[2]，每个一维数组又包含4个元素。

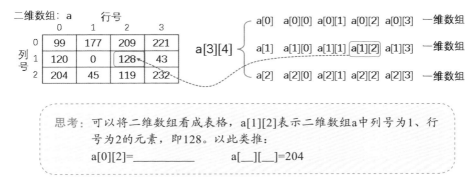

思考：可以将二维数组看成表格，a[1][2]表示二维数组a中列号为1、行号为2的元素，即128。以此类推：

a[0][2]=＿＿＿＿＿　　　a[＿][＿]=204

定义二维数组 二维数组在C++中仍然是按行存储的，即在内存中先按顺序存储第一行的数组元素，再存储第二行……下面程序定义了一个数组a。

```
int a[3][4]={{99,177,209,221},{120,0,128,43},{204,45,119,232}};
```

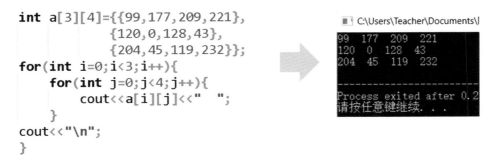

遍历二维数组 把数组中的每个元素都访问一遍，称为数组的遍历。要对二维数组进行遍历，需要用二重循环来实现。下面的程序遍历数组a中的所有元素，并输出。

```
int a[3][4]={{99,177,209,221},
             {120,0,128,43},
             {204,45,119,232}};
for(int i=0;i<3;i++){
    for(int j=0;j<4;j++){
        cout<<a[i][j]<<"  ";
    }
cout<<"\n";
}
```

```
C:\Users\Teacher\Documents\
99   177   209   221
120  0    128   43
204  45   119   232
--------------------
Process exited after 0.2
请按任意键继续. . .
```

算法设计 根据上面的思考与分析，算法流程如下。

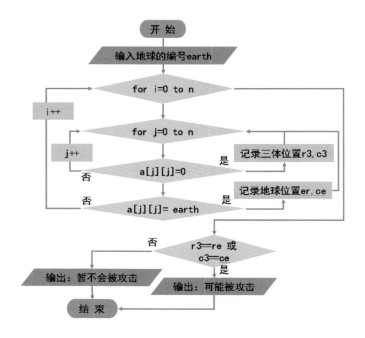

3. 案例实施 👆

编写程序

```
1   #include <iostream>
2   using namespace std;
3   int r3,c3,re,ce,earth;
4   int main(){
5       int a[3][4]={{99,177,209,221},{120,0,128,43},{204,45,119,232}};
6       cout<<"请输入地球的编号："；
7       cin>>earth;                          // 输入地球的编号
8       for(int i=0;i<3;i++){                // 两层循环遍历二维数组
9           for(int j=0;j<3;j++){
10              if(a[i][j]==0){
11                  r3=i;c3=j;}              // 找到编号为0的元素即为三体人位置
12              if(a[i][j]==earth){
13                  re=i;ce=j;}              // 找到编号为earth的元素即为地球位置
14          }
15      }
16      if(r3==re || c3==ce){                // 判断两个位置是否在同行或同列
17          cout<<"地球将受到三体人的攻击！"；
18      }else{
19          cout<<"地球暂不会受到三体人的攻击！"；
20      }
21  }
```

测试程序　运行程序，输入地球的编号，观察运行结果如下图所示。

```
请输入地球的编号：119
地球暂不会受到三体人的攻击！
--------------------------------
Process exited after 4.557 seconds with return value 0
请按任意键继续. . .
```

案例 55 图像相似度判断

案例知识：二维数组元素的统计

小李发现手机相册会定期提示用户清理一些相似度很高的照片，帮助用户节约存储空间。那么，计算机是如何判断两张图片是否相似呢？可否通过C++编写程序来对比两张图片的相似度呢？

1. 案例分析

提出问题　要实现图像的对比，需要思考如下问题。

(1) 如何使用二维数组来表示图像信息？

(2) 如何计算图像的相似度？

思路分析　图像都是由像素组成的，每个像素都是数值，图像就是由像素构成的二维数组。因此，比较两张图片时，只要依次对应数组位置上的像素，判断是否相同，相同的像素越多，则相似度越高。要通过C++实现两张彩色照片的对比，程序是比较复杂的，本案例只讨论最简单的情况，即黑白图片。

2. 案例准备

用二维数组存储图像　首先把每个像素用0-1表示，存储在一个二维数组中。下面两张图片指定位置的像素可以表示为数组a和数组b。

```
int a[4][4]={{1,1,1,1},{0,1,1,0},{1,1,0,0},{1,0,0,0}};
int b[4][4]={{1,1,1,1},{0,1,1,0},{1,1,1,1},{1,0,1,0}};
```

计算相似度　由于2个数组结构完全相同，可以遍历a数组，然后判断b数组相应位置是否相同，并统计即可。上图中，相同的像素数有13个，则相似度为13/16=81.25%。

```
for(int i=0;i<4;i++){
    for(int j=0;j<4;j++){
        if(a[i][j]==b[i][j]) sum++;
    }
}
```

算法设计　根据上面的思考与分析，算法流程如下。

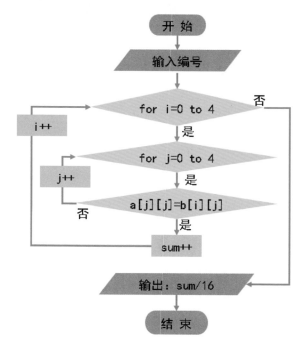

3. 案例实施

编写程序

```cpp
1  #include <iostream>
2  using namespace std;
3  int main (){
4      int a[4][4]={{1,1,1,1},{0,1,1,0},{1,1,0,0},{1,0,0,0}};
5      int b[4][4]={{1,1,1,1},{0,1,1,0},{1,1,1,1},{1,0,1,0}};
6      double sum=0.00;
7      for(int i=0;i<4;i++){              // 遍历二维数组
8          for(int j=0;j<4;j++){
9              if(a[i][j]==b[i][j]) sum++; // 统计相同像素个数
10          }
11      }
12      double temp;                       // 用于存放相似度，浮点类型
13      temp=sum/16*100.0;                 // 计算相似度
14      printf("相似度：%.2lf%%",temp);    // 格式化输出
15      return 0;
16 }
```

测试程序　运行程序，其运行结果如下图所示。

```
相似度：81.25%
--------------------------------
Process exited after 0.3809 seconds with return value 0
请按任意键继续. . .
```

答疑解惑　本案例第14行printf输出语句中使用了%.2lf%%。其中，2是说明输出的数据保留两位小数，lf的意思是double型，%%表示输出%，使得画出的百分比数值更好看。

案例
56 恺撒大帝的密码
案例知识：字符数组的移位

古罗马时期，恺撒大帝曾经使用密码来传递信息，这是一种替代密码，对于信中的每个字母，会用它后面的第i个字母代替。下面请尝试使用C++来编写加密和解密程序吧。

1. 案例分析

提出问题　要实现移位加密解密程序，需要思考如下问题。

　　(1) C++中如何对字符串中的每个字母进行操作？

　　(2) 如何将某个字符按字母表顺序移位变成另一个字符？

思路分析　程序读入一个字符串和一个数字，分别表示明文和偏移密码，按照数组操作的方法对字符串的每个字母进行移位，变成密文。解密的过程类似，向反方向移位即可。

2. 案例准备

字符数组　用于存放字符的数组就是字符数组。例如，char c[5]可以存放5个字符。尝试使用下面几种方式来定义字符数组，并进行输入输出操作。

```
char a[5]={'H','e','l','l','o'}; // 定义并初始化字符数组
char b[]={"hello"};              // 用字符串初始化字符数组
char c[5];                       // 定义数组，只指定长度，未初始化
gets(c);                         // 用gets()可以输入字符串到字符数组中
puts(a);                         // 用puts()可以输出字符数组
cout<<"b="<<b<<"  c="<<c;        // 也可以用cout输出字符数组
```

字母表移位　在本案例中，需要对所有的字母按字母表顺序进行移位，先判断字符是否为大写或小写的字母，然后直接加上偏移量即可。此外，要考虑超过字母表边界时，使用%26的方式回到字母表头。

```
if(s[i]>='A'&&s[i]<='Z'){
    s[i]=((s[i]-'A')+n)%26+'A';
}else if(s[i]>='a'&&s[i]<='z'){
    s[i] = ((s[i]-'a')+n)%26+'a';
    }
}
```

算法设计　根据上面的思考与分析，算法流程如下。

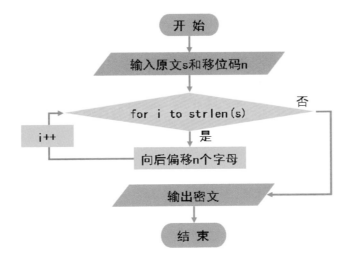

3. 案例实施

编写程序

```
1   #include <iostream>
2   #include <bits/stdc++.h>
3   using namespace std;
4   char s[100];                              // 定义字符数组
5   char ch;
6   int n;                                    // n表示偏移量
7   int main (){
8       cout<<"请输入原文："；                  // 用gets输入原文
9       gets(s);
10      cout<<"请输入移位码："；
11      cin>>n;
12      for(int i=0; i<strlen(s);i++){          // 遍历字符数组，处理每个字母
13          if(s[i]>='A'&&s[i]<='Z'){           // 当前为大写字母时
14              s[i]=((s[i]-'A')+n)%26+'A';      // 超过范围处理
15          }else if(s[i]>='a'&&s[i]<='z'){      // 当前为小写字母时
16              s[i] = ((s[i]-'a')+n)%26+'a';    // 超过范围处理
17          }
18      }
19      cout<<"加密后的密文："<<s;               // 输出加密后的密文
20      return 0;
21  }
```

测试程序　运行程序，输入明文和加密偏移量可以实现加密，输入密文和反方向的偏移量，即可实现解密，运行结果如下图所示。

```
请输入原文: L dp d whdfkhu
请输入移位码: -3
加密后的密文: I am a teacher
--------------------------------
Process exited after 30.25 seconds with return value 0
请按任意键继续. . .
```

统计关键词次数
案例知识：字符串查找与匹配

小李整理了近些年英语考试中的阅读理解文章，放在一个文档里，他希望统计某些单词在文章中出现的频次，以便有针对性地进行复习。我们可以通过C++编写程序协助小李实现这一目的吗？

1. 案例分析

提出问题　要统计单词在文章中出现的频次，需要思考如下问题。

　(1) 阅读理解文本内容较多，如何保存和处理？

　(2) 如何在文本中搜索指定的单词，并统计次数？

思路分析　阅读理解的文本内容很多，而且可能会有变化，不宜写在程序里，可以保存在一个文本文件里，程序运行时读取到一个字符串里面，然后在该字符串中搜索目标单词，并记录搜索到的次数即可。

2. 案例准备 📐

文件读取 C++读取文本文件需要导入sstream和fstream，可以使用fstream打开文件，然后通过ostringstream来读取，建议创建一个word.txt文件，然后运行如下代码，观察读取的效果。

```
string s;
char ch;
ifstream ifile("word.txt");
ostringstream buf;
while(buf&&ifile.get(ch))buf.put(ch);
s=buf.str();
cout<<s;
```

如何搜索 字符串的本质就是字符数组，字符串可以直接当数组使用。C++字符串提供find()函数，可以搜索指定字符串在某个字符串中第一次出现的位置，还可以指定开始位置。请尝试执行下列程序：

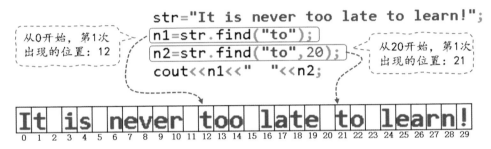

算法设计 根据上面的思考与分析，算法流程如下。

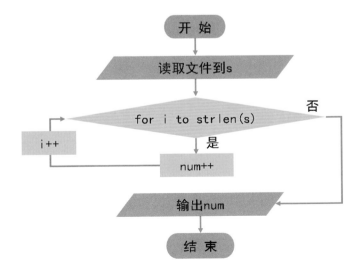

3. 案例实施

编写程序

```cpp
1   #include <fstream>
2   #include <sstream>
3   #include <iostream>
4   using namespace std;
5   int main (){
6       string s,w;
7       int n=0,num=0;
8       char ch;
9       ifstream ifile("word.txt");          // 打开文件
10      ostringstream buf;                     // 建立输出流对象
11      while(buf&&ifile.get(ch))buf.put(ch);  // 读取文件中的字符
12      s=buf.str();                           // 存放到字符串s中
13      cout<<"请输入你要查找的单词：";
14      cin>>w;
15      while(s.find(w,n)!=-1){                // 从n的位置开始搜索
16          num++;                             // 找到后计数
17          n=s.find(w,n)+1;                   // 开始位置往后移动
18          }
19      cout<<w<<"出现了:"<<num<<"次";
20  }
```

测试程序　运行程序，输入要查询的单词，观察其运行结果。

```
请输入你要查找的单词：teacher
teacher出现了:7次
----------------------------
Process exited after 3.485 seconds with return value 0
请按任意键继续. . .
```

第 5 章

化整为零——函数应用

在编写程序时，重复利用代码是提高效率的重要方法之一。当一个程序比较复杂时，可以将一个复杂的问题分解成若干个功能相对简单的模块，每个模块又可以继续分解成更简单、更小的模块，直到模块划分到已经足够简单为止。

C++ 程序中最小的模块就是函数，利用函数解决问题，有利于代码重用，可以提高程序的开发效率，增强程序的可靠性，也便于分工合作和修改维护，从而使代码变得简短且易读。本章我们将重点学习如何运用函数模块化思想来解决问题。

学习内容

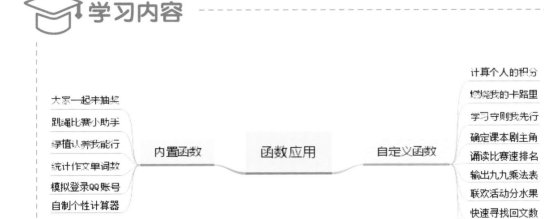

案例	大家一起来抽奖
58	案例知识：函数定义

为迎接元旦的到来，梦想班班委积极筹划班级联欢活动。除了节目表演外，班委会同学还精心设计了抽奖活动。活动开始前，全班48名同学每人都拿到了一个抽奖号，每个抽奖环节将会随机抽取3名幸运同学。你能编写程序，帮助班委会同学完成这一抽奖过程吗？

1. 案例分析

提出问题　要实现联欢会的抽奖过程，需要思考如下问题。

> (1) 如何才能随机地抽取到同学的号码？
>
> (2) 如何才能确保抽取到的号码不会超过班级人数48？

思路分析　中奖号码，实际就是在1～48的自然数中随机产生3个整数。为了实现程序功能，首先要了解可以产生随机数的方法，利用rand()和srand()产生1～48以内的随机整数，然后通过For循环语句，确定每次产生随机数的数量。

2. 案例准备

认识函数　一个C++程序，是由一个或多个函数组成的。函数就是能够实现特定功能的程序模块，可以在程序中随时取用。

主函数　一个程序文件中，可以包含多个函数，但有且只有一个主函数，程序从main函数开始执行。main函数在执行过程中可以调用其他函数，其他函数也可以互相调用，但其他函数不能调用main函数。

算法设计　根据上面的思考与分析，算法流程如下。

第一步：初始化随机数生成器。

第二步：循环生成3个48以内的随机数。

第三步：输出生成的数。

3. 案例实施

编写程序　考虑到随机抽奖的需求，借助函数可以进一步提高程序效率。程序代码如下图所示。

```
1   #include<iostream>
2   #include<time.h>          // 包含时间函数的头文件
3   #include<stdlib.h>        // 包含随机函数的头文件
4   using namespace std;
5   int main()
6   {
7       int i,j;
8       srand((int)time(0));   // 初始化随机数产生器
9       for(i=0; i<3; i++)
10      {
11          j=1+(int)(48.0 * rand()/(RAND_MAX+1.0));
12                             // 产生48以内的随机整数
13          cout<<j<<"   ";
14      }
15  }
```

测试程序　运行程序，程序运行结果如下图所示，每次的结果可能不同。

```
48  12  11
--------------------------------
Process exited after 1.115 seconds with return value 0
请按任意键继续. . .
```

答疑解惑　rand( )函数用来产生随机数，它返回一个范围在0到RAND_MAX (32767)的整数。在调用rand( )函数之前，可以使用srand( )函数设置随机数种子，如果没有设置随机数种子，rand( )函数在调用时，自动设计随机数种子为1。随机种子相同，每次产生的随机数也会相同。以上2个随机函数包含在头文件<stdlib.h>。time函数用来返回某一特定时间的小数值，它包含在头文件<time.h>中。在主函数中可直接调用函数，实现程序功能。

案例	跳绳比赛小助手
59	案例知识：库函数

四年级举行跳绳比赛，比赛分为初赛和决赛两轮，只有在第一轮初赛中获得第一名的同学才能取得决赛资格。初赛时，老师负责记录并统计成绩，每组比赛有20位同学参加，老师需要将这些人的成绩比较一番，才能找到第一名的同学。如果能有个小助手来帮助老师就好了。你能利用C++编写程序，帮助老师快速找到第一名选手的跳绳成绩吗？

1. 案例分析

提出问题　要快速找到各小组第一名选手的成绩，需要思考如下问题。

　(1) 如何得到每位选手的成绩？

　(2) 如何迅速找到成绩最高的选手？

思路分析　先将选手的成绩输入计算机，然后将第一位同学的跳绳成绩与第2位同学的跳绳成绩进行两两对比，谁大保留谁的成绩，再将这个成绩与第3位同学的成绩相比较……以此类推，最终输出最大的值。

2. 案例准备

库函数　在C++中，编译系统已经把一些独立的功能编写好，并放到"文件库"里，方便用户调用。这个"文件库"就是函数库，函数库中的函数就是库函数，如sin( )、printf()、printf( )、max( )、min( )等。库函数的一般格式如下。

　　格式：〔返回类型〕库函数名(参数列表)

　　功能： 完成一个系统内部规定的功能。例如，库函数max(2,3)表示求2个数中的大数，返回值为3。

　　库函数的调用　调用库函数之前，必须在主函数前声明相应的"文件"。例如，在程序起始位置声明<iostream>或者<cstdio>，可以保证printf()正常运行。同样，在主程序前添加头文件 <algorithm.h>，可以调用求最大值函数max( )。

　　算法设计　根据前面的分析，编写程序时需要1个变量ans，用于存放最高成绩，需要定义一个数量，用于存放20位选手的成绩。在没有进行比较前，变量ans存放第一位选手的成绩，每进行一次比较，较大的值都会存在变量ans中。20位选手的成绩比较完成，ans中会存放最高成绩。根据上面的思考与分析，尝试将下面的流程图补充完整。

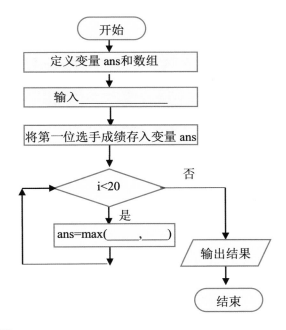

3. 案例实施

　　编写程序　要从20个人的成绩数据中快速找到最高的成绩，需要先定义一个数组，用于存放成绩。程序代码如图所示。

```
1   #include <iostream>
2   #include<algorithm>            // 包含库函数max( )的头文件
3   using namespace std;
4   int ans,a[20] ;
5   int main()
6   {
7        int i;
8        for (i=0;i<20;i++)
9            cin>>a[i];
10           ans=a[0];
11       for (i=1;i<20;i++)
12           ans=max(ans,a[i]);       // 使用库函数
13       cout<<ans;
14       return 0;
15   }
```

测试程序　运行程序，输入20位同学的成绩，程序运行结果如下图所示。

```
120 110 100 103 89 154 132 159 187 121 112 111 56 143 165 187 65 98 108 88
20人中成绩最高的是：187
-----------------------------------
Process exited after 42.63 seconds with return value 0
请按任意键继续. . .
```

答疑解惑　在程序编写中，如果想使用库函数，必须在本文件开头"包含"有关头文件，即使用#include命令。程序第12行语句中，max函数是求最大值的函数，必须包含头文件<algorithm.h>，max函数才能调用。

案例 60　绿植认养我能行
案例知识：常用数学函数

　　学校正在划分绿植认养基地，梦想班分到了一块不规则的区域。同学们想测量出这块基地的面积。于是有同学给出了建议，可以把这块地的"拐点"(多边形的顶点)之间连线，把不规则图形划分成多个三角形，测量各边的长度，即可计算出三角形的面积，再将所有三角形面积相加就可以很快算出基地面积了。

已知三角形三个边的长度，代入求三角形面积的公式，很快就能求出各个三角形的面积。求三角形的公式为

$$S = \sqrt{p(p-a)(p-b)(p-c)} \quad \text{其中} p = \frac{a+b+c}{2}$$

已知三角形地块的三边长度分别为14米、15米、16米。请尝试根据公式，编程计算三角形地块的面积。

1. 案例分析

提出问题　要利用公式快速计算出三角形的面积，需要思考以下问题。

(1) 要计算三角形的面积需要用到什么数学函数？

(2) 数学函数包含在哪个头文件中？

思路分析　公式中p是周长的一半，先计算出p的值。公式运算结果是求表达式的平方根，必须调用数学函数库中求平方根的函数。

2. 案例准备

常用数学函数　C++内置了许多具有其他功能的函数，其具体功能如下。

函数名	功能说明	说明
三角函数	double sin (double x)	计算sin(x)的值
	double cos (double x)	计算cos(x)的值
求幂次数	double exp (double x)	求e的x次幂
	double pow (double x, double y)	求x的y次幂
取整	double ceil (double x)	求不小于x的最小整数
	double floor (double x)	求不大于x的最大整数
求绝对值	int abs(int x)	求整型数x的绝对值
	long labs(long x)	求长整型数x的绝对值
取整与取余	double modf (double, double*);	返回参数小数部分
	double fmod (double, double);	返回两参数相除的余数
平方根	double sqrt (double)	求x的平方根

算法设计　根据前面的分析，编写程序时需要定义a、b、c三个变量，用于存放三角形的三边长度，定义变量s用于存放三角形的面积。根据三角形面积公式，还需要定义变量p，然后依据该变量进行计算。根据上面的思考与分析，完善如下图所示的算法流程图设计。

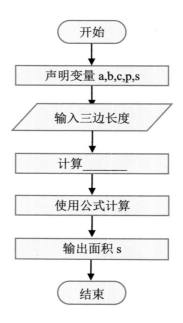

3. 案例实施

编写程序　使用表达式与函数结合，可以方便地实现三角形面积公式的计算。程序代码如图所示。

```
1   #include <iostream>
2   #include <cmath>              // 包含数学函数
3   using namespace  std;
4   int main( )
5       {
6           double a,b,c,p,s;
7           cin>>a>>b>>c;
8           p=(a+b+c)/2;          // 先计算p的值
9           s=p*(p-a)*(p-b)*(p-c);
10          s=sqrt(s);            // 使用求平方根库函数
11          cout<<s;
12      }
```

测试程序　运行程序，输入三角形三边长度，查看运行结果如下图所示。

```
14 15 16
96.5579
--------------------------------
Process exited after 4.955 seconds with return value 0
请按任意键继续. . .
```

答疑解惑　第6行语句定义了三条边的变量、周长的一半p，以及面积，均为浮点类型；第8行语句提前计算p的值；第10行语句为使用求平方根公式计算面积。注意：左右括号一定要匹配。

案例 61 统计作文单词数
案例知识：常用字符处理函数

英语老师每周会布置英语作文，要求同学们提交的作文，单词数必须达到50个以上，否则直接视为不合格。但是，英语老师每次在批改作业时都要数单词，非常浪费时间，如果有个小助手来帮他确定单词数就好了。你能编写程序，帮助老师统计同学们作文的单词数，以提高批改效率吗？

又要批改作文了……

1. 案例分析

提出问题　要判断单词的个数，需要先思考以下问题。

(1) 如何判断是单词？

(2) 如何对单词进行计数？

思路分析　要实现程序，首先要输入一段字符，完成后以回车符号确认，然后判断空格，如果遇到空格就标识为0，否则的话标识为1，单词计数器就会+1，最终输出单词的个数。

2. 案例准备 📐

常用字符函数　C++内置了与字符有关的函数，可对字符进行判断，或是转换等其他操作。

函数名	功能说明
getchar( )	字符输入函数，从输入缓冲区里面读取一个字符
putchar( )	将字符输出到显示屏中
int isalpha(int c)	c是否为字母，返回非零值(不一定是1)，否则返回0
int isdigit(int c)	c是否为阿拉伯数字0~9，若是则返回非0值，否则返回0

算法设计　编写程序时需要2个变量ch和cout，分别表示作文内容和单词个数的计数器，需要一个变量word标识是否为单词。通过getchar( )函数依次输入作文内容。依据字符变量ch设置第1个判定条件，判定当前内容是否输完。在输入的过程中，再依据变量ch设置第2个判定条件，判定首字符是否为空格，从而判断word标识状态。根据word标识，进行单词数判断，累加计数器cout。根据上面的思考与分析，完成如下图所示的算法流程图设计。

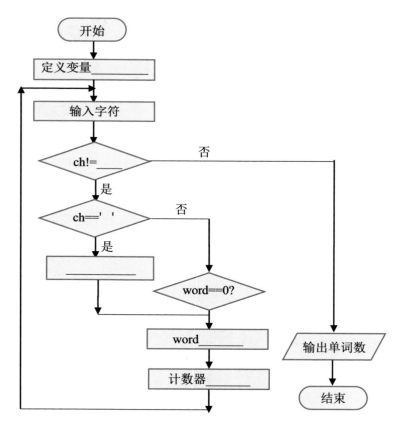

3. 案例实施 🔑

　　编写程序　编写程序时，要考虑到只要输入不结束，就需要一直判断是否有空格字符，程序代码如图所示。

```
1  #include <iostream>
2  using namespace std;
3  int main()
4  {
5      char ch;                          // 定义字符变量g w
6      cout<<"输入一段字符"<<endl;
7      int count=0,word=0;
8      while((ch=getchar())!='\n')
9      if(ch==' ')                       // 连续输入字符，直到按下回车键
10         word=0;                       // 判断字符是否为空格
11     else if(word==0)                  // 变量word标识为0
12        {
13            word=1;
14            count++;
15        }                             // 计数器+1
16     cout<<"总共有"<<count<<"个单词";
17     return 0;
18 }
```

　　测试程序　运行程序，输入字符，程序运行结果如下图所示。

```
输入一段字符
Good morning, lady and gentleman. How do you do?
总共有9个单词
————————————————————————————————
Process exited after 33.59 seconds with return value 0
请按任意键继续. . .
```

　　答疑解惑　在第8行代码中，使用了getchar( )字符输入函数，它的作用是从键盘获取一个字符。getchar( )函数只能接收一个字符，为了输入整篇作文，这里使用了一个while循环，实现一直输入，直至按下回车键。第9～15行代码，是一个判断语句，如果输入字符为空格，则标识变量word仍为0，如果变量为0，则说明有空格，这里标识变量word为1，单词计数器变量 cout加1。

模拟登录QQ账号

案例知识：常用字符串处理函数

随着QQ、微信、抖音、微博等平台的普及，社交媒体已经成为我们日常生活中不可或缺的一部分。在使用社交平台前，用户必须提供姓名、身份证号等个人信息才能成功注册账号，使用时也需先登录账号。例如，我们经常使用的即时通信工具QQ，你知道它的登录系统是如何验证密码的吗？你能编写程序，模拟登录QQ账号的过程吗？

1. 案例分析

提出问题　要模拟QQ登录，需要先思考以下问题。

(1) 如何得到QQ的设置密码和输入密码？

(2) 如何确认输入密码是否正确？

思路分析　要实现程序，首先要知道QQ号最初设置的密码，然后要模拟QQ登录输入密码，并确认，让系统进行比对，如果设置密码与输入密码相同，则会提示密码正确、登录成功，否则提示密码错误。

2. 案例准备

字符串函数　字符串函数也叫字符串处理函数，指的是编程语言中用来进行字符串处理的函数，如字符串拷贝，计算长度，字符查找等函数。常用的字符串函数如下表所示。

函数名	功能说明
strcpy( )	把src所指由NUL结束的字符串复制到dest所指的数组中
char *strcat(char *dest,char *src);	把src所指字符串添加到dest结尾处(覆盖dest结尾处的'\0')并添加'\0'
strlen( )	计算字符串的长度
strcmp(str1,str2)	如果两字符串相等，返回值为0；如果str1>str2，返回值为1；否则返回值为负数

　　算法设计　根据前面的分析，编写程序时需要2个数组，分别表示系统内存放的密码及登录时输入的密码。为避免输入错误，可以设定一个确认过程。通过strcmp( )函数进行比较，2个变量内存放的字符是否一致。根据上面的思考与分析，完成如下图所示的算法流程图设计。

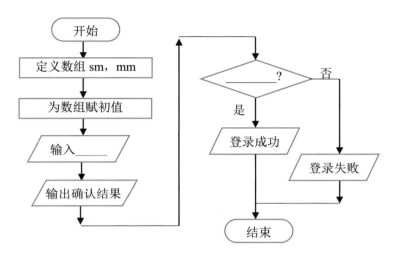

3. 案例实施

　　编写程序　模拟QQ账号登录的过程，实际就是密码比对的过程，程序编写如图所示。

```
1   #include <iostream>
2   #include <string.h>            // 包含字符串处理函数的头文件
3   using namespace std;
4   int main()
5   {
6       char sm[20]="Hello5431";   // 定义存放QQ设置密码的数组
7       char mm[20];               // 定义存放登录QQ时输入密码的数组
8       cout<<"请输入QQ登录密码：";
9       gets(mm);                  // 输入密码
10      cout<<"你输入的密码是：\n";
11      puts(mm);                  // 输出刚输入的密码，进行确认
12      if (strcmp(sm,mm)==0)      // 比较字符串，确认输入的密
13              cout<<"密码正确，登录成功";    // 码是否为原始密码
14      else
15              cout<<"密码错误，登录失败";
16      return 0;
17  }
```

测试程序 运行程序，查看调用结果，程序运行结果如下图所示。

```
请输入QQ登录密码: Hello5431
你输入的密码是:
Hello5431
密码正确，登录成功
--------------------------------
Process exited after 8.589 seconds with return value 0
请按任意键继续. . .
```

答疑解惑 在程序编写中，如果想使用字符串比较函数strcmp( )，必须在本文件开头"包含"有关头文件。程序第6行语句中，使用字符数组sm存放的密码相当于申请QQ账号时设置的密码；第7行语句中定义的字符数组mm用于存放登录时输入的密码；第12行代码使用strcmp( )进行字符串比较，从而判断输入的密码是否正确。

案例 63 自制个性计算器

案例知识：其他常用函数

方舟学校正在开展信息素养提升实践活动，其中包含了计算思维类编程创作活动，即通过编程创作一件软件作品，可以解决某些学习需求。乐乐想使用编程制作一个计算器，输入一个整数K，让程序能依据K值自行计算，并输出结果，从而解决复杂数值开平方和求绝对值的问题。

1. 案例分析

提出问题 要实现计算器功能，需要思考以下问题。

 (1) 程序如何判断执行什么计算操作？

 (2) 如何能方便地实现计算功能？

思路分析 自制计算器要实现连续计算功能，首先要确认需要计算几组数据，然后根据用户的选择即K值，确定要执行什么计算，最后将计算后的结果呈现。计算的过程，可以借助库中的相关函数实现。

2. 案例准备

其他常用函数 C++内置了许多具有其他功能的函数，其具体作用如下表所示，用户可根据要实现的程序功能选择相应的函数。

函数名	功能	说明
exit(int)	终止程序执行	做结束工作
void abort(void)	终止程序执行	不能结束工作
fcvt	将浮点型数转化为字符串	
int strlen(char *s)	计算给定的字符串的长度	返回S的长度，不包含结束
setprecision(float a)	保留数据的有效位数	

　　算法设计　编写程序时，以变量N确认需要进行几次运算，以变量K判断要执行的运算，以变量x表示要计算的数。通过一个For循环语句，不停地进行判断，如果K值为1就对x执行开平方操作，如果K值为2就对x进行绝对值操作，直至完成N次判断。根据上面的思考与分析，完成如下图所示的算法流程图设计。

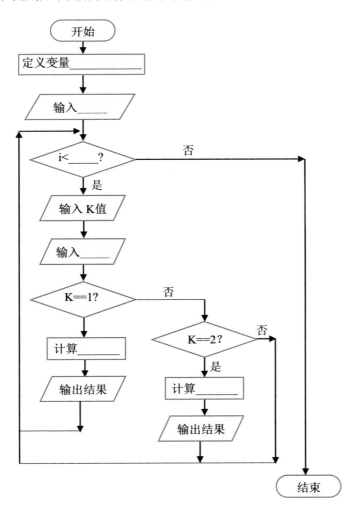

3. 案例实施

编写程序　不同函数，其所包含的头文件也是不同的，在使用时要注意不要出错。程序编写如图所示。

```
1  #include <iostream>
2  #include <cmath>              // 包含数学函数的头文件
3  #include <iomanip>            // 包含I/O流控制头文件
4  using namespace std;
5  int N,k;
6  double a,b,c,x;
7  int main()
8  {
9  cin>>N;
10 for (int i=1;i<=N;i++)
11   { cin>>k>>x;
12     if (k==1)
13       {a=sqrt(x);                     // 开平方计算
14        cout<<a<<setprecision(4)<<endl;}   // 保留4位小数
15     if (k==2)
16       {a=abs(x);                      // 绝对值计算
17        cout<<a<<setprecision(4)<<endl;}
18   }
19     return 0;
```

测试程序　运行程序，查看调用结果，程序运行结果如下图所示。

```
2
1 3
1.73205
2 -3
3
--------------------------------
Process exited after 12.16 seconds with return value 0
请按任意键继续. . .
```

答疑解惑　变量N用于确认参数计算的数据个数，变量K用于判定选择哪种计算，变量x是具体参与计算的数值。第13行代码中的开方函数sqrt( )与第16行代码中的绝对值函数abs( )属于数学函数，包含在<cmath>头文件中。而第14行、第17行代码中的setprecision( )函数，用于保留数据的有效位数，必须包含在头文件<iomanip>中才能使用。

案例 64 计算个人的积分

案例知识：自定义函数

梦想班中，郑大、王二、张三、李四、言言五个人正在聊天，大家在猜言言本周的班级表现积分。言言比李四多2分，李四比张三多2分，张三比王二多2分，王二比郑大多2分，而郑大的积分为80分。你能编写程序，计算言言本周的积分吗？

1. 案例分析

提出问题 要求出言言的积分，需要先思考如下问题。

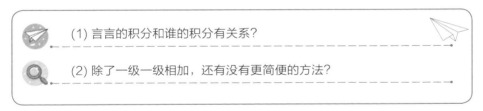

(1) 言言的积分和谁的积分有关系？

(2) 除了一级一级相加，还有没有更简便的方法？

思路分析 从题目中可以看出，言言的积分与4个人有关系，可以自定义一个函数，用于实现递推关系，且在这段关系中，到了郑大就会停止，意味着其是有初值的。在主函数中不断调用函数，计算积分，最后输出言言的最终积分。

2. 案例准备

函数定义的语法形式 在使用常量、变量时，需要先定义。同样，在使用函数时，也需要先定义。函数的定义格式如下。

```
返回值类型　函数名(参数列表)
{
        函数体语句
        return 表达式;
}
```

函数的参数说明 返回值类型：说明函数的数据类型，可以是整型、实型、字符型、指针等类型。如果函数不返回，则将返回值类型设置为void。函数名：函数的名字，它的命名规则和标识符命名规则一样。参数列表：使用逗号隔开的一些带有相关类型的变量名列表，参数是在调用时传入的数据。函数可以没有参数，那么此时参数列表就是空的。

算法设计 编写程序时，可先定义一个递归函数，在函数内如果条件满足，则返回初始值，否则可以自己调用自己，继续计算。根据分析，完善如下图所示的算法流程图设计。

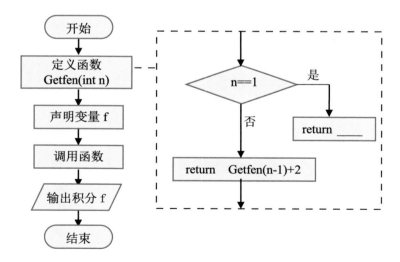

3. 案例实施

编写程序 自定义函数使代码更加高效，可以快速计算出个人的积分。程序编写如图所示。

```
1   #include<iostream>
2   using namespace std;
3   int Getfen(int n)
4   {
5      if(n==1)                          // 如果是郑大
6      {
7         return 80;                     // 返回积分80
8      }
9      return 2+Getfen(n-1);             // 递归调用，调用Getfen( )本身函数+2
10  }
11  int main()
12  {
13      int f;                            // 定义整型变量
14      f=Getfen(5);                      // 调用函数计算积分
15      cout<<"言言的积分是："<<f;          // 输出言言的积分
16      return 0;
17  }
```

测试程序　运行程序，其运行结果如下图所示。

```
言言的积分是：88
--------------------------------
Process exited after 1.74 seconds with return value 0
请按任意键继续. . .
```

答疑解惑　定义函数必须在调用函数之前，否则系统会报错。同时，在定义函数时，函数名首字母一般为大写字母。递归调用实现的过程也是多次调用自身函数的过程。

案例 65　燃烧我的卡路里
案例知识： 函数的返回

步行可以消耗一定的热量，具有锻炼身体、减肥等好处。根据行走的步数，可以计算出消耗的热量。小月现在每天靠步行锻炼身体，她想知道自己一天步行消耗的热量，假设她每走一步可以消耗0.04卡路里，那么如何计算她一天的热量消耗呢？请你尝试编程，创建一个函数来计算基于输入的一天步数所对应的总消耗热量值。

1. 案例分析

提出问题　要计算小月一天消耗的热量值，需要先思考如下问题。

>
>
> (1) 用数学的方法该如何计算小月消耗的热量？
>
> (2) 用编程的方法又该如何实现呢？

思路分析　定义变量step、calo，分别存储步数及热量。依据题意，先定义函数，实现计算功能，并返回计算值。然后在主函数中，根据需要调用函数，并输出相应值。

2. 案例准备

函数的返回值　函数返回即指返回值，它是指函数被调用后，执行函数体中的代码所得到的结果，这个结果通过 return语句返回。return语句的一般形式为：

> return 表达式；
>
> 或者
>
> return（表达式）
>
>

return确定返回值　return 是一个函数结束的标志，函数内可以有多个return，但只要执行一次，整个函数就会结束运行。return的返回值无类型限制，即可以是任意数据类型。return返回值无个数限制，即可以用逗号分隔开多个任意类型的值。

算法设计　根据上面的思考与分析，算法流程如下。

第一步：定义2个整型变量step、calo。

第二步：定义函数，列出计算卡路里的表达式，并返回值。

第三步：在主函数中调用函数，输出函数返回值。

3. 案例实施

编写程序　考虑最终需要得到燃烧的卡路里值，所以在定义函数时，一定要有相应的返回值。程序编写如图所示。

```cpp
1  #include <iostream>
2  using namespace  std;
3  int step, calo;
4  int Ca(int step)              // 定义函数
5  {
6      calo=step*0.04;           // 计算热量
7      return calo;              // 返回计算的热量值
8  }
9  int main( )
10     {
11     cout<<"请输入当天行走的步数：";
12     cin>>step;
13     cout<<"共消耗热量"<<Ca(step)<<"卡路里";
                                 //调用函数，输出函数值
14
15     }
```

测试程序　运行程序，输入步数1000，其运行结果如下图所示。

```
请输入当天行走的步数：1000
共消耗热量40卡路里
------------------------------------
Process exited after 4.386 seconds with return value 0
请按任意键继续. . .
```

答疑解惑　程序中第4行代码定义函数时，step变量类型的定义不能省略，否则程序会报错。第7行代码为了返回函数值，每次调用函数后，都将返回一个新值。

案例

66 学习守则我先行

案例知识：无返回值函数

《中小学生守则》是学生的行为准则，有助于同学们树立正确的理想信念，养成良好行为习惯，全面而有个性地健康生长。学校准备开展守则识记比赛，大鹏同学为了加强记忆，准备编写程序，以便根据需要随时调用守则每部分内容，方便记忆。

1. 案例分析

提出问题 守则共分为9部分，要通过编程随时调用各部分的内容，需要先思考如下问题。

(1) 守则各部分具体内容要如何呈现？

(2) 如何根据需要随时输出内容？

思路分析 为了简化程序，以守则的前3项内容为例。在编写程序时，可以将守则的前3项内容定义成3个不需要返回值的无参数函数，在每个函数中设定相应的输出内容，需要显示哪部分，就直接在主程序中调用相应的函数即可。

2. 案例准备

void函数的定义 在返回类型为void的函数中，return返回语句不是必需的，隐式的return发生在函数的最后一个语句完成时。一般情况下，返回类型是void的函数，使用return语句是为了引起函数的强制结束，与循环结构中break语句的作用类似。

算法设计 根据上面的思考与分析，算法流程如下。

第一步：分别定义Ad( )函数、Hx( )函数、Ql( )函数，每个函数中输出对应的内容。

第二步：在主程序中按需求顺序调用函数。

3. 案例实施

编写程序 在定义无返回值的函数时，需默认函数返回类型为void类型。新建程序，编写程序代码如图所示。

```
1   #include <iostream>
2   using namespace std;
3   void Ad()                          // 定义"爱党"函数
4   {
5      cout<<"爱党爱国爱人民。"<<endl;
6   }
7   void Hx()                          // 定义"好学"函数
8   {
9      cout<<"好学多问肯钻研。"<<endl;
10  }
11  void Ql()                          // 定义"勤劳"函数
12  {
13     cout<<"勤劳笃行乐奉献。"<<endl;
14  }
15  int main()
16  {
17     Ql();                           // 调用"勤劳"函数
18     Hx();                           // 调用"好学"函数
19     Ad();                           // 调用"爱党"函数
20  }
```

测试程序 运行程序，查看调用结果，程序运行结果如下图所示。

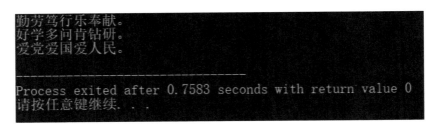

```
勤劳笃行乐奉献。
好学多问肯钻研。
爱党爱国爱人民。

--------------------------------
Process exited after 0.7583 seconds with return value 0
请按任意键继续. . .
```

答疑解惑 第3行、第7行、第11行代码定义函数时，函数没有返回值，故定义函数时，函数类型为void类型。第17行、第18行、第19行调用函数时，也无须参数。

案例
67
确定课本剧主角
案例知识： 函数的形参与实参

班级准备推选一批同学参加课本剧《找不到快乐的波斯猫》的排练，但究竟由哪位同学来饰演波斯猫，大家七嘴八舌，迟迟不能统一意见。最终，同学们决定由王老师推荐饰演波斯猫的同学，王老师提名的同学即为最终饰演的同学。你能利用C++编写程序，模拟王老师的提名及公示过程吗？

1. 案例分析

提出问题　要模拟推荐的过程，需要思考如下问题。

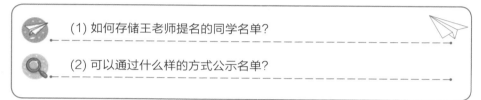

(1) 如何存储王老师提名的同学名单？

(2) 可以通过什么样的方式公示名单？

思路分析　要模拟王老师的提名过程，可以定义一个数组，用于存放被提名同学的名单，然后以输入的方式为此数组赋值。要模拟公示过程，可以定义一个带参数的函数，用于输出最终名单。在编写程序时，在主函数中只要数组得到了"名单"，那就调用定义的函数，公示结果。

2. 案例准备

形参与实参　形式参数的简称是形参，实际参数的简称是实参。在定义函数时，在函数头列出的参数列表就是形式参数；实参就是实际传递给函数的值。在本实例中，课本剧中的角色就是形参，具体的参演人就是实参，如图所示。

void Act(char *cat)
　　　　　　　形参

Act(cselect);
　　　实参

角色	演员
波斯猫	张明明
形参　　　　　　　实参

算法设计　根据上面的思考与分析，算法流程如下。

第一步：定义输出最终演员名单的函数，该函数中包含一定的参数。

第二步：在主程序中调用函数，将实际参数传递给形式参数。

3. 案例实施

编写程序　定义函数时包含的参数是形式参数，在调用函数时，才能将实际参数传递给形式参数。程序代码如图所示。

```
1   #include <iostream>
2   using namespace std;
3   void Act(char *cat)                    // cat为形式参数
4   {
5       cout<<"最终饰演波斯猫的同学是："<<cat;
6
7   }
8   int main()
9   {
10      char cselect[20]="   ";            // 定义字符数组变量
11      cout<<"我推荐的同学是：";
12      scanf("%s",&cselect);              // 输入字符串
13      Act(cselect);                      // 将实际参数传递给形式参数
14      return 0;
15
16  }
```

测试程序　运行程序，查看调用结果，程序运行结果如下图所示。

```
我推荐的同学是：张明明
最终饰演波斯猫的同学是：张明明
--------------------------------
Process exited after 23.05 seconds with return value 0
请按任意键继续. . .
```

答疑解惑　在本程序第3行语句中，定义了1个带有参数的函数，这个参数就是形式参数。因为参数cselect有了具体的值，这里cselect就是实际参数。调用函数时，将实际参数的值传递给形式参数，最终才能输出结果。

案例
68　诵读比赛速排名
案例知识：函数的传递方式

　　学校举办的经典诵读比赛正如火如荼地进行，比赛的形式为各班级进行诵读表演，评委们现场评分、现场颁奖。负责计分的小其同学想利用C++编写一个程序，只要依次输入各班节目的总分，即能输出每个班节目的最终名次，从而快速完成奖项的计算。你能帮帮他吗？

方舟中学经典诵读比赛

如何高效地完成各班排名统计呢？

1. 案例分析 🚩

提出问题　要快速得到每个班级的名次，需要思考如下问题。

(1) 如何对各班的诵读成绩进行排序？

(2) 如何输出最终比赛名次？

思路分析　要根据成绩得出排名，可以定义一个含有两个参数的函数，其中一个参数用于确定比赛的班级数，另一个参数用于存放比赛成绩。此函数用于成绩排序，并返回该成绩的名次。在主函数中只需输入比赛成绩，直接调用该函数，即可输入名次结果。

2. 案例准备 📐

传值参数　函数在被调用时，复制一份实参传递给形参，实参本身未发生改变。

$$\text{int maxn(int }\boxed{x},\text{int }\boxed{a[]})$$

　　　　　　传值参数　　传值参数

地址传参　地址传参传递的是存放这个变量的地址，它好比用邮件给好友发送一个网址，而不是整个网站的内容，可以提高传递效率。对形参的指向操作，就相当于对实参本身进行操作。

```
float Duihuan(float *a)
{
    *a = *a/6.7078;        指向实参地址的指针
    return *a;
}
cout<<Duihuan(&a);      取得变量a的地址
```

引用传参　函数定义时，在变量类型符号之后、形式参数名之前加&，则该参数就是引用参数。引用传参就是给变量起一个别名。形参的变化会保留到实参中。

```
void mswap(int &a,int &b)
```
　　　　　　　　　　　　　　　　引用参数

mswap(a,b)

调用函数

算法设计　根据前面的分析，编写程序时可先定义一个排名函数，在函数内进行排名计算，并返回当前成绩的名次。根据思考，完善如下图所示的算法流程图设计。

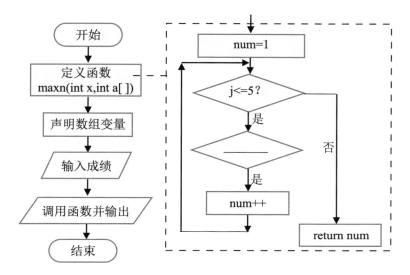

3. 案例实施 🏆

编写程序　因为最终要得到的是每个班级成绩的排名，所以在定义函数时，返回值得到的即是排名结果。程序代码如图所示。

```
1   #include<iostream>
2   using namespace std;
3   int maxn(int x,int a[])          // 定义排序函数
4     {                              // 定义计数变量赋初值
5         int num=1;
6         for(int j=0;j<5;j++)       // 成绩比较，计算名次
7         if (a[j]>x) num++;
8         return num;
9     }
10  int main()
11  {
12      int a[4],i;                  // 定义存放成绩的数组变量，及循环变量i
13      for(i=0;i<4;i++)             // 输入各班成绩
14      cin>>a[i];
15      for(i=0;i<4;i++)
16      cout<<a[i]<<"------"<<maxn(a[i],a)<<endl;  // 调用函数输出结果
17      return 0;
18  }
```

测试程序　运行程序，查看调用结果，程序运行结果如下图所示。

```
88 85 92 94
88------3
85------4
92------2
94------1

-----------------------------
Process exited after 9.018 seconds with return value 0
请按任意键继续. . .
```

答疑解惑　在本程序第3行语句中，定义了1个带有2个参数的排序函数；第6行、第7行代码通过一个循环语句，进行名次统计；第8行代码确定函数的返回值；第16行代码调用排序函数，最终返回当前成绩的排名情况。

案例 69 输出九九乘法表

案例知识：函数的形态

熟记乘法口诀表是学好数学的第一步，大鹏最近正在学习乘法口诀表，但是对于读小学二年级的他来说的确有一定难度。哥哥教了大鹏一个方法：可以采用逐列背诵的方法进行记忆，这样在背诵的时候就不会摸不着头绪了。同时，为了帮助大鹏加强记忆，哥哥准备编写一个程序，用于逐行显示乘法表的内容。

1. 案例分析

提出问题　要逐行显示乘法表的内容，需要思考如下问题。

(1) 如何输出乘法表各行具体内容？

(2) 如何按需随时调用每行内容？

思路分析   想实现逐行显示的功能，必须定义1个带有参数值的函数。这样每次调用这个函数时，都需要输入一个参数值，以输出不同的结果。

2. 案例准备

函数的形态   凡是接收用户传递的函数在定义时要指明参数，称为有参函数。反之，不接收用户数据的不需要指明，称为无参函数。函数形态共分为如下4类。

算法设计   根据上面的思考与分析，算法流程如下。

第一步，定义乘法口诀函数，将j作为该函数的参数。

第二步，在主程序中调用带参数的函数。

3. 案例实施

编写程序   考虑每次只需输出一行乘法表内容，且输出哪一行也要根据需求选择，在编写程序时，利用函数实现是比较方便的。程序代码如图所示。

```
1  #include <iostream>
2  using namespace std;
3  void Chengfa(int j)          // 定义"乘法"函数
4  { int i;
5     for(i=1; i<=9; i++)
6     {
7        cout<<j<<"*"<<i<<"="<<j*i<<endl;
8     }
9  }
10 int main()
11 {
12     Chengfa(3);               // 调用"关于3的乘法"函数
13 }
```

测试程序　运行程序，查看调用结果，程序运行结果如下图所示。

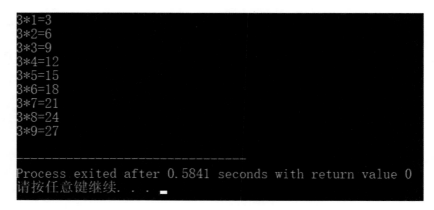

```
3*1=3
3*2=6
3*3=9
3*4=12
3*5=15
3*6=18
3*7=21
3*8=24
3*9=27
------------------------------------------------
Process exited after 0.5841 seconds with return value 0
请按任意键继续. . .
```

答疑解惑　在本程序第3行语句中，定义了1个没有返回值，但是带有参数的函数。j表示需要输出乘法表的具体值，在定义函数时，需要注明参数j为int整型。调用函数时，随着参数值的变化，输出结果也会跟着发生改变，如调用函数Chengfa(2)，则会输出数字2的乘法口诀表。

案例 70　联欢活动分水果

案例知识：函数的声明与调用

班级要举办元旦联欢会，王老师提前为同学们准备了水果，其中包含60个橘子和45个苹果，要把这些水果平均分给几个小组，并且每个小组分得两种水果的个数也相同。那么，苹果最多可以分给几个小组呢？试通过编程帮助王老师解决此问题。

水果怎么分？

1. 案例分析

提出问题　要帮助王老师分水果，需要思考如下问题。

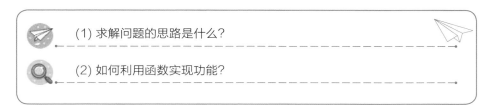

(1) 求解问题的思路是什么？

(2) 如何利用函数实现功能？

思路分析　想知道水果最多可以分给几个小组，实际就是求橘子和苹果个数的最大公约数，利用辗转相除法求最大公约数的效率则会更高一些。

2. 案例准备

函数声明与调用　在编写程序时，若想调用函数，必须先告诉计算机，也就是要先声明函数。声明函数之后，才可以按规定格式调用函数。

> **声明函数格式：**
>   类型说明符　被调函数名(含类型说明的形参表)；
> **调用函数格式：**
>   函数名(实参列表)；

如果在所有函数定义之前声明了函数，那么该函数在本程序文件中任何地方都有效。如果是在某个主调函数内部声明了被调用函数，那么该函数就只能在这个函数内部有效。

辗转相除法　辗转相除法是求2个自然数的最大公约数的方法，其算法如下。

(1) 先用小的数除大的数，得到第一个余数。

(2) 再用第一个余数除小的数，得到第二个余数。

(3) 又用第二个余数除第一个余数，得到第三个余数。

(4) 这样逐次用后一个数去除前一个余数，直到余数是0为止。

最后一个除数就是所求的最大公约数，其流程图如下。

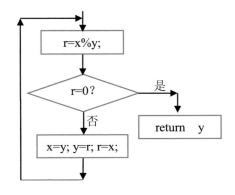

算法设计　根据前面的分析，编写程序时需要定义变量x和y，分别表示橘子和苹果的个数。依据模块化解决问题的思想，可以定义一个求最大公约数的函数Gys(int x，int y)。主函数中，需要调用时，因为函数还没有定义，所以需要先声明函数，才可调用。根据上面的思考与分析，完成如下图所示的算法流程图设计。

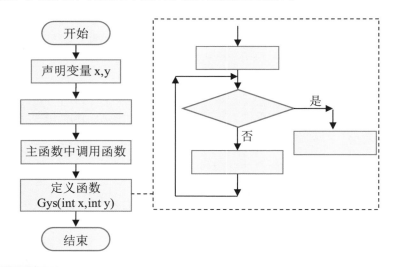

3. 案例实施

编写程序　定义求最大公约数的函数实现功能，程序会更加灵活。程序代码如下图所示。

```cpp
1  #include <iostream>
2  using namespace std;
3  int x,y;
4  int Gys(int x,int y);           // 声明"求最大公约数"函数
5  int main()
6  {
7      cin>>x>>y;
8      cout<<Gys(x,y)<<endl;       // 调用函数并输出结果
9      return 0;
10 }
11 int Gys(int x,int y)            // 定义"求最大公约数"函数
12 {
13     int r=x%y;
14     while(r!=0)
15        { x=y; y=r;r=x%y;}
16     return y;
17 }
```

测试程序　运行程序，查看调用结果，程序运行结果如下图所示。

答疑解惑　在本程序第4行语句中，首先要声明"求最大公约数"函数，这样在第8行语句中才能有效调用。需要注意的是，第4行语句中的"分号"不能省略。第11行代码是定义函数。在第13行~15行语句中，使用辗转相除法求两数的最大公约数，即先用小的数除大的数，得余数，再用所得的余数除小的数，得第2个余数，然后用第2个余数除第1个余数，得到第3个余数，如此依次用最后一位数去除前面的余数，直至其为0，最后一个余数就是所求的最大公约数。

案例 71　快速寻找回文数

案例知识： 函数定义与函数声明的区别

梦想1班开展趣味数学分享活动，同学们发现有一种特殊的数字，无论是从前往后读，还是从后往前读都是一样的，这种数字称为回文数，比如121，12321等。编程社团的乐乐骄傲地说："你只要给我一个范围，我可以在1分钟之内说出数值范围内共有多少个回文数。"你觉得乐乐的话可信吗？他会如何通过编程实现呢？

一个神奇的日期即将到来
2021 1202

1. 案例分析

提出问题　要知道在数值范围内的回文数有多少，需要思考如下问题。

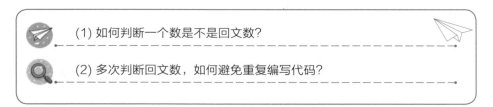

(1) 如何判断一个数是不是回文数？

(2) 多次判断回文数，如何避免重复编写代码？

思路分析 在编写判断回文数的程序时，可以先输入整数n，确定求值范围，然后编程判断1～n有多少个回文数。观察回文数，可得知其判断方法，可依次取出各位上的数字，然后将这些数字反向排列，如果得到的数字与其本身相等，则可进行判断。为了简化程序，可把判断回文数的过程定义成函数模块，有利于提高编程效率，程序看着也更加简洁。

2. 案例准备

函数声明与定义的区别 函数声明是将函数名称引入程序，让编译器知道这个函数的存在。函数定义则是函数声明与初始化的合集，要包含函数的实现过程，即要写明函数体。

回文数判断 根据回文数定义，列举从1开始一直到小于其自身的整数，判断这个数是否为回文数。判断方法为：依次取出各位上的数字，将n的各位数字反向排列，如果所得自然数与其本身相等，则n为回文数，否则不是回文数。

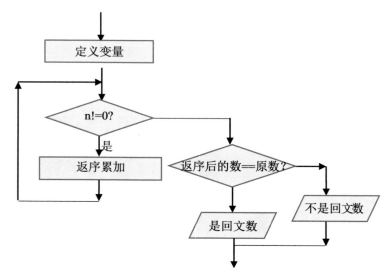

算法设计 根据前面分析的思路，可以先声明自定义函数模块如何判断回文数，然后枚举一个自然数n，如果超过它，则结束程序；反之，则使用自定义函数判断数值是否同时为回文数，如果是，累加器加1，否则，继续枚举判断。请你认真思考后，将以下流程图补充完整。

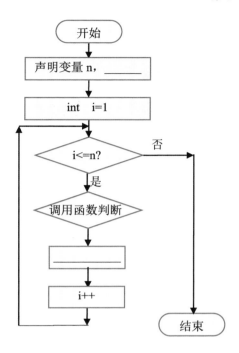

3. 案例实施

编写程序　因为要多次判断回文数，在编写程序时，可以先定义一个判断回文数的函数。程序代码如图所示。

```
1   #include <iostream>
2   using namespace std;
3   bool check(int n){                      // 自定义函数
4       int m = n, dn = 0;
5       while(n != 0){                      // 反序累加
6           dn=dn*10+n%10;
7           n/= 10;
8       }
9       return (m == dn ? true : false);    // 判断是否回文
10  }
11  int main(){
12      int n,i,ans=0;
13      cin>>n;
14      for(i = 1; i <= n; i++)
15          if(check(i)) ans++;             // 统计回文数
16      cout<<ans;
17      return 0;
18  }
```

测试程序　运行程序，程序运行结果如下图所示。

```
1000
108
------------------------------------------
Process exited after 5.023 seconds with return value 0
请按任意键继续. . .
```

答疑解惑　程序中第3行～第10行代码，定义了一个判断回文数的函数，此函数返回一个布尔值，如果是回文数，则返回true，如果不是回文数，返回Flase。第14行代码，利用for循环，从1开始判断，直至达到最大数值范围。第15行代码，调用函数进行判断，如果为真，则累加器ans+1。

案例 72　篮球价格速速猜

案例知识：二分法函数的定义

乐乐新买了一个篮球，带到学校后，同学们都感觉这个篮球质量很棒，都想买一个，于是向乐乐询问价格。乐乐卖起了关子："大家来猜一猜吧！我可以告诉你们它的价格在50元～150元，在你猜的过程中我还可以给出一些提示，看谁能以最快的速度猜出篮球的价格？"你能通过编程，实现同学们猜价格的过程吗？

1. 案例分析

提出问题　要猜出篮球的价格，需要思考如下问题。

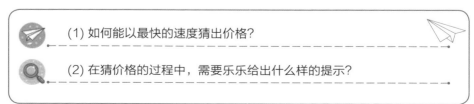

(1) 如何能以最快的速度猜出价格？

(2) 在猜价格的过程中，需要乐乐给出什么样的提示？

　　思路分析　要猜一件商品的价格，二分法效率最高。根据乐乐给出的价格区间，即50元～150元，可以首先猜50和150中间的数(如100)，然后看其比篮球的价格高了还是低了，如果高了，接下来在100和150之间猜。重复上述步骤，逐渐缩小范围，直到猜中篮球的价格，如图所示。

2. 案例准备

　　二分法查找算法　二分法查找算法也叫折半查找算法，它可以在一串有序的数字中快速寻找到你输入的数字，是一种很高效的查询算法。其算法思维如下：首先找出这串有序数字的中间值，每次都跟区间的中间值进行对比，将查找的区间缩小成之前的一半，进行二次与中间值对比，再次将查找的区间缩小到之前的一半，直到找到要查找的元素为止。简单来说，二分法查找算法分为三个步骤：对半、查找、缩区间。例如，查找1～10自然数中的数字2，过程图解如下。

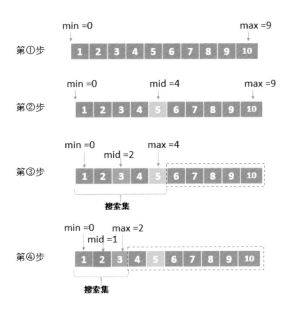

算法设计　在编写程序时，可以先定义变量max、min，表示价格的最大值与最小值；定义一个变量len，表示可猜数的个数；定义变量guess表示篮球的价格；再定义一个查找函数，判断是否猜中。在主函数中，需要通过一个循环语句给数组赋值，确定可以猜的数字，然后输入价格，如果价格小于50或大于150则直接退出，否则调用查找函数进行判断。根据上面的思考与分析，将以下流程图补充完整，虚框中请绘制出定义查找函数的流程图。

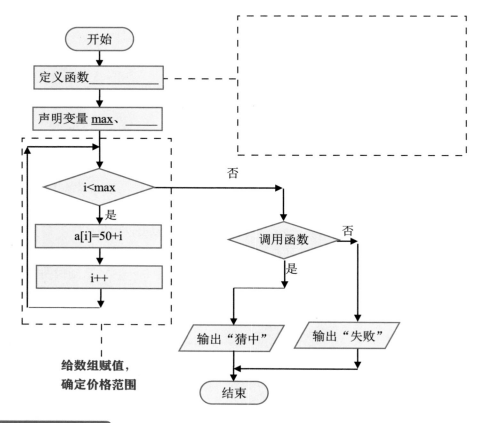

3. 案例实施

编写程序　要猜出篮球的价格，可以先定义一个查找函数，程序代码如图所示。

```
1   #include<iostream>
2   using namespace std;
3   int search(int s[],int len,int guess)    // 声明函数
4   {
5       int max,min;                          // 定义区间最大标识与最小标识
6       max=len-1;
7       min=0;
8       int mid=len/2;
9       while (max>=min)
10      {   mid=(max+min)/2;                  // 从数组的中间位置开始比较
11          cout<<s[mid]<<endl;               // 输出猜到的中间数
12          if(s[mid]==guess)                 // 判断中间的数是否等于猜的数
13            return mid;
14          else if (s[mid]>guess)            // 判断中间数是否比要猜的数大
15                  max=mid-1;                // 确定搜索集
16              else min=mid+1;        }      // 统计回文数
17      return 0;
18  }
19  int main()
20  {
21    int MAX=100;                            // 定义数组长度
22    int a[MAX],n;
23    for (int i=0;i<MAX;i++)                 // 为数组赋值，确定猜数范围
24      a[i]=50+i;
25      cout<<"输入篮球的价格：";
26      do
27      { cin>>n; }
28      while(n<50||n>150);                   // 判断价格是否在50～150元
29      if (search(a,MAX,n))                  // 调用查找函数
30      cout<<"猜中了！";
31      else
32      cout<<"失败";
33      return 0;
34      }
```

测试程序　运行程序，输入72，程序运行结果如下图所示。

```
输入篮球的价格: 72
100
75
62
68
71
73
72
猜中了!
----------------------------------------
Process exited after 4.015 seconds with return value 0
请按任意键继续. . .
```

答疑解惑　程序中，len变量存放数组的长度；min变量等于0，表示数组从0位开始记录数组元素；max变量存放数组最后1个元素的位置，故max比数组长度少1。由于价格在50～150元，第24行代码，利用循环语句依次为数组赋值，使数组中存放被查找的100个数，且这个数是由小到大升序排列的，这样才能利用二分法进行查找。定义查找函数时，必须确保定义的变量max>min，再进行二分法查找，这样才能确保程序不做无用功。

第6章

轻而易举——基础算法

算法可以理解为是解决问题的一系列方法和步骤。生活中，各种问题处理的过程都是算法，比如烧水、烹饪、洗衣服、去超市购物的过程等。

在计算机科学中，算法指的是用计算机解决问题的方法和步骤。对于同一个问题，往往有不同的解决方法。因此，我们需要根据问题的特征，选择合适的算法，然后用计算机能够理解的语言来描述算法，实现对问题的有效解决。常见的基础算法有解析法、穷举法、递推法和递归法等。

学习内容

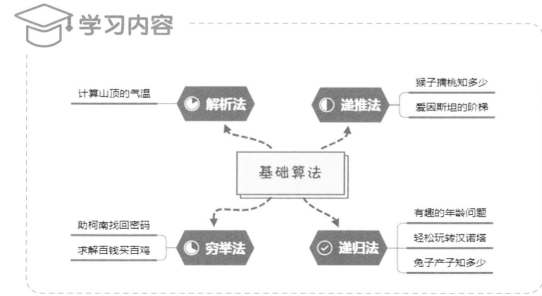

案例 73 计算山顶的气温

案例知识： 用解析法解决问题

暑假期间，刘晨宇和同学去黄山游玩，他们准备爬上黄山第二高峰光明顶。上山之前，刘晨宇做足了功课：通过网络查询到光明顶海拔1860米，测得山脚下的气温是21℃。已知海拔每升高100米，气温下降0.6℃。请编写程序，帮助他们计算山顶的气温，以确定是否需要带保暖衣物。

1. 案例分析

提出问题　计算山顶的气温，需要思考如下问题。

> (1) 算法设计中，本案例输入和输出的数据有哪些？
>
> (2) 根据已知条件，如何写出山顶气温的计算表达式？

思路分析　为了使程序能够重复使用，可假设山顶距山脚的垂直距离为high米。海拔每升高100米气温下降0.6℃，可计算出山顶比山脚气温低0.6*high/100℃。因此，设计算法时，需要输入由山顶距山脚的垂直距离，赋值给变量high，然后输入山脚下的气温t1。计算山顶的气温表达式，可表示为t2=t1-0.6*high/100℃。

2. 案例准备

解析法　根据问题的已知条件，运用归纳、演绎等方法，找出各数据间的关系，然后列出表示这种关系的表达式。如本例中，计算山顶的气温表达式t2=t1-0.6*high/100℃。有时解决一个问题，可能需要列出一组表达式。

用解析法解决问题的过程　分析要素关系→建立数学模型→写出相关的解析表达式→设计算法→编写程序解决问题。

算法设计　根据上面的思考与分析，完成如下图所示的算法流程图设计。

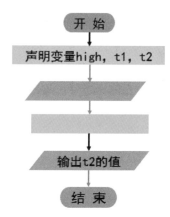

3. 案例实施

编写程序　考虑到山高和气温等数据并非全部是整数，因此在编写程序时，应将变量定义为浮点型。程序代码如图所示。

```
1  #include<iostream>
2  using namespace std;
3  main(){
4      float a,b,c;                          // 定义常量为浮点型
5      cout<<"请输入山高（单位：米）: "<<endl;
6      cin>>a;
7      cout<<"请输入山脚气温（单位：℃）: "<<endl;
8      cin>>b;
9      c=b-a*0.6/100;                        // 解析表达式
10     cout<<"山顶的气温是: "<<c<<"℃";
11 }
```

测试程序　编译运行程序，输入山高数据1860米、山脚气温21℃，程序运行结果如下图所示。

```
请输入山高（单位：米）:
1860
请输入山脚气温（单位：℃）:
21
山顶的气温是: 9.84℃
```

187

优化程序　根据计算出的山顶温度，给出是否需要准备保暖衣物的提示。效果如下图所示。

```
请输入山高（单位：米）：
1860
请输入山脚气温（单位：℃）：
21
山顶的气温是：9.84℃
温馨提示：
山顶与山底的温差超过10℃，请携带保暖衣物！
```

案例 74　助柯南找回密码

案例知识：穷举法的理解

　　柯南有一个密码箱，密码为4位数，由于长时间没有打开过，他忘记了密码，只记得密码的千位和个位数字分别为5和7。此外，柯南的出生年月是1981年2月，他在设置密码时，会习惯性地选用除以81余2的数字。你能设计一个程序帮他找回密码吗？

1. 案例分析

　　提出问题　编写找回密码的程序，需要思考如下问题。

　　(1) 密码解的可能范围是什么？

　　(2) 找出密码与已知条件的关系，如何写出关系表达式？

　　思路分析　根据已知条件，密码是一个四位数，且密码的千位数字是5，可知密码的可能解范围是5000~5999；假设这个四位数是m，由于个位数字是7，可列出关系表达式m%10==7；由这个四位数除以81余2，可得关系表达式m%81==2。根据题意，在5000~5999范围内，能同时满足m%10==7和m%81==2的m值，就是要找回的密码。

2. 案例准备

穷举法思路 在求解过程中，按照一定的顺序，一一列举出求解对象所有可能的情况，然后逐一分析、判断哪些是满足问题要求的条件，穷举完所有可能的情况，从而得到问题的解答。

算法设计 穷举范围有明确的起点和终点，可以使用循环结构实现穷举，按顺序逐一列举出所有可能解；在利用条件筛选、判断"解"的过程中，可以用分支结构来实现。本例中密码的穷举范围是5000~5999，判断条件是m%10==7和m%81==2。根据上面的思考与分析，算法流程图设计如下所示。

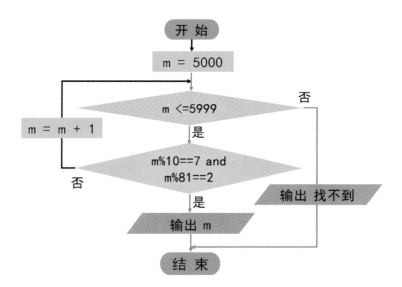

3. 案例实施

编写程序 根据设计的算法，破译密码箱密码的程序代码如图所示。

```
1   #include<iostream>
2   using namespace std;
3   main(){
4       int i;
5       for(i=5000;i<=5999;i++)        // 密码的范围
6           if(i%81==2 and i%10==7)     // 找出满足条件的密码
7               cout<<"柯南的密码箱密码是："<<i<<endl;
8   }
```

测试程序　编译运行程序，程序运行结果如下图所示，即为破译出的密码。

柯南的密码箱密码是：5267

优化程序　考虑到密码的个位数字是7，所以穷举范围可以从5007开始，循环变量每次加10，从而减少循环的次数。优化后的程序如图所示。

```
1  #include<iostream>
2  using namespace std;
3  main(){
4      int m;
5      for(m=5007;m<=5999;m=m+10)        // 穷举的范围
6          if (m%81==2)                   // 找出满足条件的密码
7              cout<<"柯南的密码箱密码是："<<m<<endl;
8  }
```

案例 75 求解百钱买百鸡
案例知识：穷举法的应用

我国古代数学家张丘建在《算经》一书中曾提出过著名的"百钱买百鸡"问题，该问题叙述如下：鸡翁一，值钱五；鸡母一，值钱三；鸡雏三，值钱一；百钱买百鸡，则翁、母、雏各几何？用现代文叙述为：公鸡5文钱一只，母鸡3文钱一只，小鸡一文钱3只，用100文钱买100只鸡，问公鸡、母鸡、小鸡各买多少只(注：三种鸡都要买)?

1只5文钱

1只3文钱

3只1文钱

1. 案例分析

提出问题　编写求解百钱买百鸡程序，需要思考如下问题。

> (1) 要找出100文钱恰好购买100只鸡的方案，需要列出几个关系式？
>
> (2) 列出的关系表达式，能否用解析法算出答案？

思路分析　通过分析已知条件与目标的关系，假设公鸡、母鸡、小鸡各买x，y，z只，会得到x+y+z=100和5x+3y+z/3=100这样两个方程。表示公鸡数+母鸡数+小鸡数等于100，买x只公鸡的钱数+买y只母鸡的钱数+买z只小鸡的钱数也等于100。根据数学经验，有3个未知数、2个方程，无法推导出所需的解析表达式，显然百钱买百鸡问题无法用解析法求解。

根据已知条件，公鸡、母鸡和小鸡的只数一定在100以内，所以其解的范围又是明确的、有限的，我们不妨用穷举法，把所有可能的解穷举出来，一个一个地判断。

2. 案例准备

穷举法解决问题的关键　根据穷举法的基本思路，首先要确定穷举对象、穷举对象的穷举范围，以及判断问题成立的条件，然后编写程序进行穷举。在本案例中，穷举对象、穷举范围和判断条件如下。

1 穷举对象： 公鸡、母鸡、小鸡，假设各买x，y，z只

2 穷举范围： x(1~20)，y(1~33)，z(3~99, step 3)

3 判断条件： x+y+z=100 且 5x+3y+z/3=100

算法设计　根据前面的分析，编写程序时需要3个变量x,y,z，分别表示要买的公鸡数、母鸡数和小鸡数，根据排列组合知识，要穷举完三种鸡的所有组合，需要用三层循环嵌套结构。我们假定，最外层循环穷举的是公鸡数，第二层循环穷举的是母鸡数，最内层循环穷举的是小鸡数。根据上面的思考与分析，算法流程图设计如下所示。

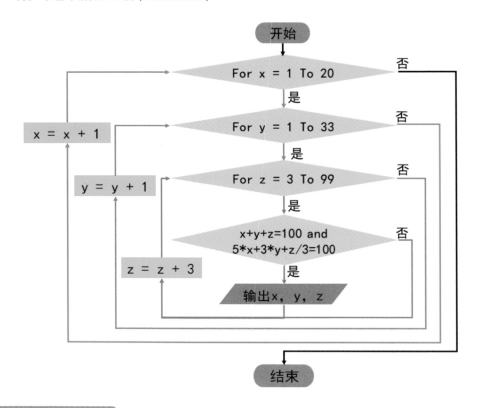

3. 案例实施 🔧

编写程序　根据设计的算法，求解百钱买百鸡的程序代码如图所示。

```cpp
 1  #include<iostream>
 2  using namespace std;
 3  main(){
 4      int x,y,z,j=0;                          //j为计数器
 5      for(x=1;x<20;x++)                        // 公鸡数的穷举范围
 6          for(y=1;y<33;y++)                    // 母鸡数的穷举范围
 7              for(z=3;z<99;z=z+3)              // 小鸡数的穷举范围
 8                  if(x+y+z==100 and 5*x+3*y+z/3==100){
 9                      j++;
10                      cout<<"第"<<j<<"种买法："<<endl;
11                      cout<<"公鸡"<<x<<"只   ";
12                      cout<<"母鸡"<<y<<"只   ";
13                      cout<<"小鸡"<<z<<"只"<<endl;
14                  }
15  }
```

测试程序　编译运行程序，程序运行结果如下图所示，得出百钱买百鸡有3种买法，都满足题目的条件。

```
第1种买法:
公鸡4只    母鸡18只    小鸡78只
第2种买法:
公鸡8只    母鸡11只    小鸡81只
第3种买法:
公鸡12只   母鸡4只     小鸡84只
```

优化程序　通过挖掘已知条件得知，如果把穷举对象定为公鸡、母鸡各买x，y只，则小鸡数必为100-x-y只。穷举范围中就没有小鸡了，相应的"判断条件"也只有一个了，从而减少循环的次数。优化后的程序如图所示。

```cpp
1   #include<iostream>
2   using namespace std;
3   main(){
4       int x,y,j=0;
5       for(x=1;x<20;x++)
6           for(y=1;y<33;y++)
7               if(5*x+3*y+(100-x-y)/3.0==100){   // 小鸡数如果除以3，
8                   j++;                                  得到的商会取整
9                   cout<<"第"<<j<<"种买法："<<endl;
10                  cout<<"公鸡"<<x<<"只   ";
11                  cout<<"母鸡"<<y<<"只   ";
12                  cout<<"小鸡"<<100-x-y<<"只"<<endl;
13              }
14  }
```

案例 76　猴子摘桃知多少

案例知识： 递推法的理解

在森林王国里，猴子国王吉吉安排小猴子们摘桃子，它要求猴子们第一天摘1个桃子，第二天摘3个桃子，第三天摘7个桃子……每一天摘的桃子数都是前一天摘桃数的2倍加1。请问到第10天时小猴子要摘多少只桃子？

1. 案例分析

提出问题　编写猴子摘桃问题的程序，需要思考如下问题。

> (1) 知道前一天的桃子数，如何计算当天的桃子数？
>
> (2) 建立关系式后，如何快速推算出第10天的桃子数？

思路分析　因为每天摘的桃子数等于前一天摘的桃子数乘2加1，计算出的当前天的桃子数又同时作为后一天计算的基数。用电子表格展示计算的过程，如B6=2*B5+1，效果如下图。

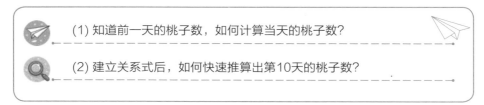

通过分析可知，每天摘的桃子数，只与其前一天的桃子数有关，然后反复迭代。因此，在编程时，只需要定义1个变量n，代表每天的桃子数即可，得到递推关系式n=2n+1。

2. 案例准备

递推法　每一次对过程的重复被称为一次"递推"，而每一次递推得到的结果会被用来作为下一次迭代的初始值。递推关系的计算示意图如下。

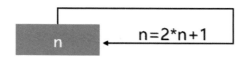

递推法的关键步骤　①确定递推变量，如本案例中的n；②建立递推关系式，如本案例中的n=2*n+1；③对递推过程进行控制，这是编写递推程序必须考虑的问题，不能让迭代过程无休止地重复执行下去。

算法设计　根据上面的思考与分析，每天的桃子数总是等于前一天的桃子数的2倍加1，在编程时，得到递推关系式n=2*2n+1。算法流程图设计如下所示。

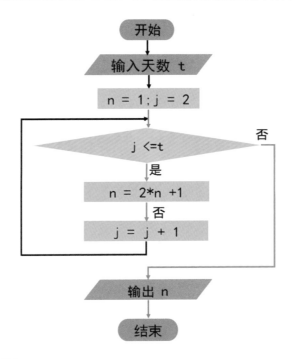

3. 案例实施

编写程序　根据设计的算法，求解第t天摘得桃子数的程序代码如图所示。

```cpp
1   #include<iostream>
2   using namespace std;
3   main(){
4       int i,t,n=1;
5       cout<<"请输入天数：";
6       cin>>t;
7       for (i=2;i<=t;i++)          //控制递推(或迭代)的次数
8           n=2*n+1;                //递归关系表达式
9       cout<<"第"<<t<<"天摘的桃子数是："<<n<<endl;
10  }
```

测试程序　编译运行程序，输入数字10，程序运行结果如下图所示。请再次输入数字20、30等其他数字，调试程序。

```
请输入天数: 10
第10天摘的桃子数是: 1023
```

案例
77
爱因斯坦的阶梯
案例知识：递推法的应用

爱因斯坦曾提出这样一道有趣的数学题：一部楼梯有N阶，上楼时每次可以跨一阶或两阶，从地面走到最上层共有多少种走法？请尝试编程解决。

1. 案例分析

提出问题　编写程序求解爱因斯坦的阶梯，需要思考如下问题。

　(1) 思考n=1、n=2时，有几种走法？

　(2) 当n=3时，走法与n=1和n=2时有什么关系？

思路分析　根据上楼梯问题的规律可得：

如果只有1阶，有1种走法(一步跨1阶)。

如果只有2阶，有2种走法(一步跨2阶；两步，每步跨1阶)。

如果只有3阶，有1+2=3种走法(先跨2阶，再跨1阶；先跨1阶，再跨2阶。从而等于1阶走法+2阶走法)。

以此规律类推：从第3阶起，n阶楼梯的走法数总是等于n-1阶楼梯(第一步先跨1阶)加 n-2阶楼梯(第一步跨2阶)走法数的和。本问题借助电子表格展示递推的过程，效果如下图。

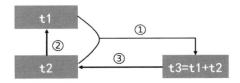

2. 案例准备

　　迭代关系表达式　在n阶楼梯走法问题中，由于在迭代系列中的当前数只与n-1阶和n-2阶台阶数有关，因此在编写程序时需要3个变量，t1和t2分别记录n-1阶楼梯走法和n-2阶楼梯走法的数据，t3表示n阶楼梯的走法。下图为递推、迭代关系的计算示意图，在程序设计时可以用表达式组t3=t1+t2；t1=t2；t2=t3来更新变量。

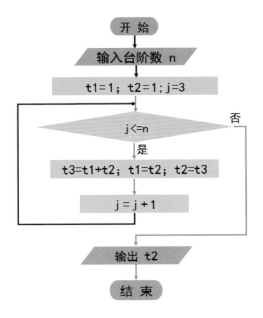

　　算法设计　根据递推法的特点：①确定迭代变量，如本案例中的t1、t2；②建立迭代关系式，如本案例中为t3=t1+t2；t1=t2；t2=t3；③递推过程控制的次数为n-2。算法流程图设计如下所示。

3. 案例实施 🏆

编写程序　根据设计的算法，求解n阶台阶走法的程序代码如图所示。

```cpp
1   #include<iostream>
2   using namespace std;
3   main(){
4       int i,t1=1,t2=2,t3,n;
5       cout<<"输入台阶数: "<<endl;
6       cin>>n;
7       for (i=3;i<=n;i++){        //控制递推(或迭代)的次数
8           t3=t1+t2;              //以下3行为递归关系表达式
9           t1=t2;
10          t2=t3;
11          }
12      cout<<n<<"阶台阶的爬法有"<<t3<<"种"<<endl;
13  }
```

测试程序　编译运行程序，输入台阶数7，程序运行结果如下图所示。我们也可以输入一些其他数字，验证程序。

```
输入台阶数:
7
7阶台阶的爬法有21种
```

案例	有趣的年龄问题
78	案例知识：递归法的理解

有5个人坐在一起聊天。当问第5个人多少岁时，他说比第4个人大2岁；问第4个人岁数，他说比第3个人大2岁；问第3个人，他又说比第2个人大2岁；问第2个人，他说比第1个人大2岁；最后问第1个人，他说自己10岁。请问第5个人多大年龄？

1. 案例分析

提出问题　求解第5个人的年龄，需要思考如下问题。

> (1) 每个人与其前面一个人的年龄有什么关系？
>
> (2) 除了用递推法解决本问题，你还能想到什么方法？

思路分析　根据已知条件，可将问题描述为如下图所示。

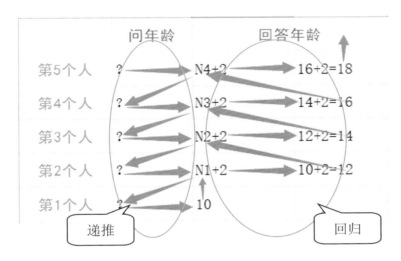

由图发现，问题的求解分为递推和回归两个环节完成。如果用f(n)表示第n个人的年龄，他的年龄等于前面一个人的年龄加2。前面一个人的编号是n−1，所以可以表示为f(n)=f(n−1)+2。这样求f(n)的问题，就变成了求f(n−1)的问题；然后递推，直到变成求f(1)的问题，已知f(1)=10；接下来，开始回归，返回答案。

2. 案例准备

递归法　递归是计算科学领域中一种重要的问题求解方法，直接或间接地调用函数自身的方法称为递归。面对一个大规模复杂问题的求解，递归的基本思想是把规模较大的问题层层转化为规模较小的同类问题求解。对递归而言，递推与回归二者缺一不可。例如，本案例中可将递归定义为：

$$F(n) = \begin{cases} 10 & (n=1) \\ F(n-1)+2 & (n>1) \end{cases}$$

算法设计　根据递归法的特点，是在求第1个人的年龄时，可以直接得到答案。当n>1时，总需要先求他前一个人的年龄。因此，在定义函数时，需要用到1个参数f(n)，n表示人的序号。算法流程图设计如下所示。

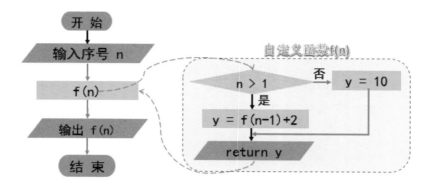

3. 案例实施

编写程序　根据设计的算法，用递归法求解第5个人的年龄的程序代码如图所示。

```cpp
1  #include<iostream>
2  using namespace std;
3  int f(int n){          //自定义函数
4      int y;
5      if(n==1)
6          y=10;
7      else
8          y=f(n-1)+2;     //函数内部调用自定义函数本身
9      return y;
10 }
11 main(){
12     cout<<"第5个人的年龄是："<<f(5)<<endl;
13 }
```

测试程序　编译运行程序，程序运行结果如下图所示。请尝试修改参数，将人数增加到10个人或更多，分别计算出相应的年龄。

```
第5个人的年龄是：18
```

轻松玩转汉诺塔

案例知识：递归法的应用

汉诺塔是一款经典的益智类游戏，游戏中有A、B、C三根圆柱，A柱上面套着n个大小不一的圆盘。其中，最大的圆盘在最底下，其余的依次叠上去，且一个比一个小。游戏规定一次只能移动一个圆盘，且圆盘在放到柱子上时，小的只能放在大的上面。让我们编程求解，用尽可能少的步数，将所有圆盘移到C柱上。

1. 案例分析

提出问题　求解汉诺塔问题，需要思考如下问题。

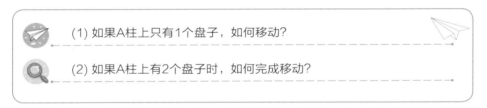

(1) 如果A柱上只有1个盘子，如何移动？

(2) 如果A柱上有2个盘子时，如何完成移动？

思路分析　游戏最简单的情况是只有1个圆盘，只要将圆盘从A柱移到C柱就可以了。否则，当圆盘个数n>1时，需要先将上面n-1个圆盘借助C柱移动到B柱，然后将第n个圆盘直接移动到C柱上，最后将B柱上n-1个圆盘，借助A柱移动到C柱上。移动效果如图所示。

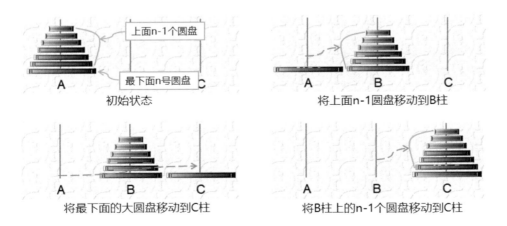

初始状态

将上面n-1圆盘移动到B柱

将最下面的大圆盘移动到C柱

将B柱上的n-1个圆盘移动到C柱

2. 案例准备

分治思想 将一个难以直接解决的大问题，分割成一些规模较小的同类问题，以便各个击破、分而治之，此为分治。比如，猜价格游戏中，为了使猜的次数尽可能少，每次都猜提示价格区域的中间数字，就是利用了分治的思想。

分治与递归 分治与递归就像一对孪生兄弟，经常同时应用在算法设计中。结合分治策略，递归也可用"分、治、合"3个字概括。

(1) 分：将原问题分解成k个子问题。

(2) 治：对这k个子问题分别求解。如果子问题的规模仍然很大，则将其再分解为m个子问题，如此进行下去，直到问题能够很容易求出解。

(3) 合：将求出的小规模问题的解合并为父问题的解，自下而上逐步求出原问题的解。

算法设计 首先采用递归法定义自定义函数hanota(int n,char A,char B,char C)，然后调用自定义函数。n表示需要移动的盘子数量，A表示盘子的起始柱，B表示中间过渡柱，C表示目标柱。算法流程图设计如下所示。

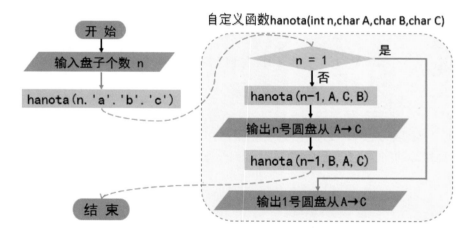

3. 案例实施

编写程序 根据设计的算法，显示汉诺塔游戏中盘子移动过程的程序代码如下图所示。

```
#include<iostream>
using namespace std;
int j=0;                    //定义变量，记录移动步数
hanota(int n,char A,char B,char C){
                            //自定义函数，将A柱上的n个圆盘移到C柱上
    if (n==1){
        j++;
        cout<<j<<"步，"<<n<<"号圆盘从柱"<<A<<"→ 柱"<<C<<endl;
                            //A柱上只有一个圆盘，将A柱上的圆盘直接移到C柱上
        }
    else{
        hanota(n-1,A,C,B);
                            //将A柱上n-1个圆盘移动到B柱
        j++;
        cout<<j<<"步，"<<n<<"号圆盘从柱"<<A<<"→ 柱"<<C<<endl;
                            //A柱上只有一个圆盘，将A柱上的圆盘直接移动到C柱
        hanota(n-1,B,A,C);
                            //将B柱上n-1个圆盘移动到C柱
        }
}
main(){
    int n;
    cout<<"请输入A柱上圆盘的个数："<<endl;
    cin>>n;
    cout<<"移动过程是："<<endl;
    hanota(n,'a','b','c');
}
```

测试程序　按F11键编译运行程序。例如，输入盘子的个数，数字为3，程序运行结果如下图所示。

```
请输入A柱上圆盘的个数:
3
移动过程是:
1步，1号圆盘从a柱→c柱
2步，2号圆盘从a柱→b柱
3步，1号圆盘从c柱→b柱
4步，3号圆盘从a柱→c柱
5步，1号圆盘从b柱→a柱
6步，2号圆盘从b柱→c柱
7步，1号圆盘从a柱→c柱
```

有个农夫养了一对兔子，从兔子出生后第3个月起，每个月都生一对小兔子，每对小兔子长到第3个月后，每个月又生一对小兔子。假如兔子都不死，请编程计算第n个月兔子的总数是多少？

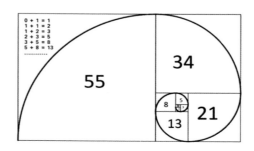

1. 案例分析

提出问题　计算兔子产子的数量，需要思考如下问题。

(1) 第n个月的兔子总对数，与哪些月份的总对数有关？

(2) 可以用哪些算法解决，各种算法的思路如何？

思路分析　通过观察，可以看出前2个月兔子对数为1，从第3个月起，每个月大兔子的对数等于上个月大兔子与小兔子的对数之和(即上个月兔子总对数)，每个月小兔子的对数等于上个月大兔子的对数(即上上个月兔子总对数)，如图所示。

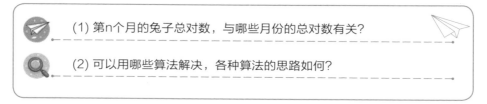

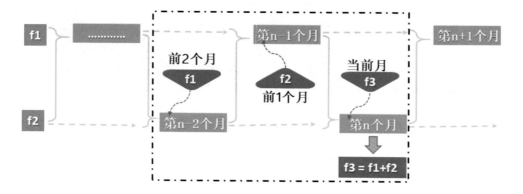

2. 案例准备 📐

斐波那契数列　前2个月兔子对数为1，从第3个月开始，当月的数量为前2个月的数量之和，得到的数列为1，1，2，3，5，8，13……这就是数学中常说的斐波纳契数列。

递推与递归　递推算法与递归算法都需要重复执行某些代码，两者既有区别又有着密切的联系。递推是重复反馈过程的活动，其目的通常是逼近所需目标或所求结果，通常使用计数器结束循环。递归是重复调用函数自身，递归中遇到满足终止条件的情况时逐层返回。递推程序可以转换成递归程序。

算法设计　用递推和递归算法设计的流程图，分别如下图所示。

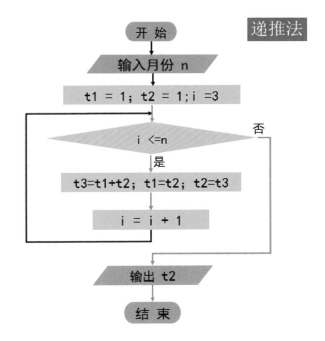

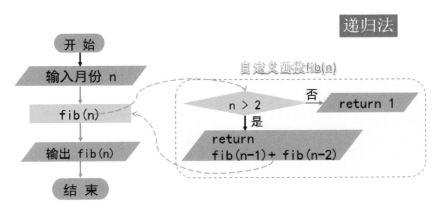

3. 案例实施 🚦

编写程序　用递推法和递归法解决兔子产子问题，编写的程序代码分别如下图所示。

```cpp
1  #include<iostream>
2  using namespace std;
3  int main() {
4      int i,n;
5      long long t1=1,t2=1,t3;
6      cout<<"输入需要计算的月份："<<endl;
7      cin>>n;
8      for(i=3;i<=n;i++){
9          t3=t1+t2;
10         t1=t2;
11         t2=t3;
12         }
13     cout<<"第"<<n<<"个月，兔子的对数是："<<t3<<endl;
14 }
```

```cpp
1  #include<iostream>
2  using namespace std;
3  long long fib(int i){
4      if (i==1 or i==2)
5          return 1;
6      else
7          return fib(i-1)+fib(i-2);
8      }
9  int main() {
10     int n;
11     cout<<"输入需要计算的月份："<<endl;
12     cin>>n;
13     cout<<"第"<<n<<"个月，兔子的对数是："<<fib(n)<<endl;
14 }
```

测试程序　分别运行递推法和递归法解决兔子产子问题的程序，并分别输入不同的测试数据，运行结果如下图所示。

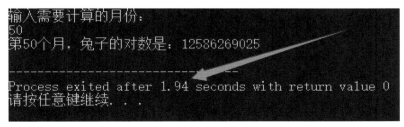

递推法 测试数据：50

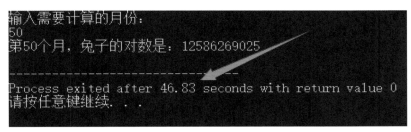

递归法 测试数据：50

　　记录分析　记录测试数据，分析哪种算法的运算效率更高？递归法编写的程序能计算出第100个月时的兔子数吗？为什么？

测试数据	测试大约用时 (seconds)	
	递推法	递归法
46		
47		
48		
49		
50	1.94	46.83
100		
结论猜想		

第 7 章

再接再厉——贪心分治

贪心算法在对问题求解时，暂时无法从整体角度处理，这时可以将问题分解成独立的子问题，并选择最优策略去解决子问题，再把子问题的解还原成原问题的解，从而形成"贪心"；而分治算法则是把一个复杂的问题分解成很多相似的子问题，再把子问题继续向下分解，直到最后的子问题可以求出解为止，最后将子问题的解合并求出原问题的解。

贪心算法和分治算法在生活中随处可见，本章将以排队接水、会议安排、火车调度，以及废材利用等问题为例，讲解贪心算法和分治算法中的策略分析和应用。

学习内容

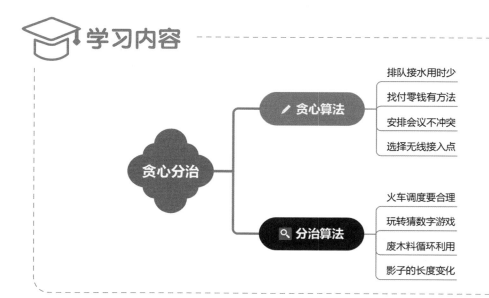

案例
81

排队接水用时少

案例知识：排队问题

　　高温天气，某小区一栋楼的8～11层限时供水，8个住户拿着水桶到物业公司排队接水，他们装满水桶的时间为整数且各不相同，分别为10分钟、8分钟、13分钟、15分钟、9分钟、5分钟、12分钟、7分钟。应如何安排这些住户的接水顺序，才能使他们平均等待的时间最少，请编程解决此问题。

1. 案例分析

　　提出问题　　要合理安排8个住户的接水顺序，使他们接水的平均等待时间最少，需要思考如下问题。

> 　(1) 让接水时间最多的住户排在前面，其他人的等待时间最少吗？
>
> 　(2) 要使8个住户的平均等待时间最少，是选择升序还是降序？

　　思路分析　　根据题意已知，有8个住户在接水，要保证所有人接水的等待时间最少，可以将接水时间最少的住户都排在前面，那么其他人接水的等待时间就会最少。依照这种排序方法，算出每个住户接水的等待时间并求和，即求出8个住户接水的总等待时间，再除以8，即为每个住户接水的平均等待时间。

2. 案例准备

排队问题　排队问题在生活中随处可见，像超市排队结账、排队领物品等，如何安排排队顺序才能使每个人平均等待的时间最少。针对这样的问题，使用贪心算法可以很好地解决。因为此类问题的解决策略不止一种，但是可以选取最优策略去解决它，而不必考虑总体，从而就形成了"贪心"，也解决了问题。

例：4个人在超市排队结账，每个人的等待时间如下图所示(单位：分钟)。

编号	1	2	3	4
排队时间	5	2	4	3

如果不排序，每个人的等待时间如下图所示，总等待时间为23分钟。

编号	1	2	3	4
时间1	0	5	5	5
时间2	0	0	2	2
时间3	0	0	0	4
时间4	0	0	0	0

如果按时间升序排序，每个人的等待时间如下图所示，总等待时间为16分钟。

编号	1	2	3	4
时间1	0	2	2	2
时间2	0	0	3	3
时间3	0	0	0	4
时间4	0	0	0	0

算法设计　根据上面的思考与分析，完成算法流程图的设计。

声明结构体：首先将结构体命名为House，接着在结构体中定义2个成员变量number和time，分别表示住户的编号和等待时间。

结构体名	House
成员变量1	number
成员变量2	time

主函数程序流程图：编写主函数程序时，首先定义了数组变量hou、实型变量s和ave，分别表示每个住户的信息、所有住户接水的等待时间，以及每个住户的平均等待时间；再调用结构体排序函数sort，按照接水时间升序排序，并输出所有住户的排队顺序，接着设置循环，在循环体中计算所有住户接水的等待时间；最后根据它计算每个住户接水的平均等待时间，并输出。

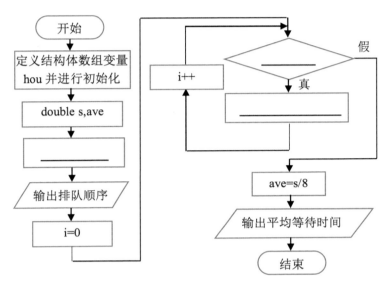

排队函数程序流程图：在排队函数中，首先要按照接水时间升序来定义排序规则，然后对库函数sort进行重写，最后将重写后的结果返回。

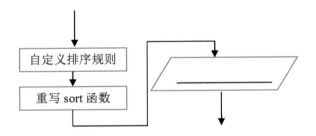

3. 案例实施

编写程序 根据算法流程图，用贪心算法解决排队问题，编写的程序代码如下图所示。

```
1   #include <iostream>
2   #include <algorithm>              // 引入algorithm库
3   using namespace std;
4   struct House{                     // 声明结构体House
5       int number;                   // 定义成员变量number
6       int time;                     // 定义成员变量time
7   };
8   bool cmp(House &n1,House &n2){     // 定义排序规则为按接水时间升序排序
9       return n1.time<n2.time;       // 重写库函数sort并重载
10  }
11  int main(){
12      House hou[8]={
13      {801,10},{802,8},{901,13},
14      {902,15},{1001,9},{1002,5},
15      {1101,12},{1102,7}
16      };                            // 定义结构体数组变量hou并初始化
17      double s,ave;
18      sort(hou,hou+8,cmp);
19      cout<<"8个住户排队顺序为："；     // 调用库函数sort
20      for(int i=0;i<8;i++)
21          cout<<hou[i].number<<" ";  // 输出8个住户的排队顺序
22      cout<<endl;
23      cout<<"8个住户的平均等待时间为："；
24      for(int i=0;i<7;i++)
25          s+=hou[i].time;           // 计算8个住户接水的总等待时间
26      ave=s/8;
27      cout<<ave<<"分钟"<<endl;       // 计算8个住户接水的平均等待时间
28      return 0;
29  }
```

测试程序　编译运行程序，在计算机屏幕上显示8个住户的排队顺序及接水的平均等待时间，程序运行结果如下图所示。

答疑解惑　在上述程序中，对8个住户接水的等待时间进行从小到大的排序后，在计算8个住户接水的总等待时间时，由于最后1个住户接水的等待时间不计算在内，所以在程序25行中，要将循环条件设置为i<7，而不是i<8。

案例	找付零钱有方法
82	案例知识：价值问题

一天，老师问了刘小豆一道编程题：王小丽是一名超市收银员，一天，某顾客在超市中消费了27元，并掏出一张100元的钞票给王小丽，让她找钱，这时超市的收银台里有面值为1元、5元、10元、20元、50元的纸币若干张，如何找钱才能使纸币的数量最少？请你帮刘小豆编程解决此问题。

1. 案例分析

提出问题　要明确王小丽如何找钱才能使纸币的数量最少，需要先思考如下两个问题。

> (1) 如何合理选择纸币面值？
>
> (2) 纸币面值是选择大还是选择小？

思路分析　要使用最少数量的纸币找付零钱，可以先选择面值较大的纸币，待选择的纸币面值大于剩余的零钱时，再选择比前面小一点面值的纸币，看它是否大于剩余的零钱，以此类推，直到达到找付的零钱面值为止。

2. 案例准备

价值问题　价值问题在生活中常常会遇到，像买东西付钱、卖东西找钱等，如商品的价格为321元，有100元、50元、20元、10元、5元、1元的纸币若干张，如何付钱能够使纸币数量最少。针对这样的问题，可以使用贪心算法来解决，最佳选择是先取面值最大的纸币100元(因为面值越少的纸币，使用的数量就越多)，这样的选择就形成了"贪心"，在选择3张100元的纸币后，再选择50元面值的纸币，但其面值已超过了支付价格，因此不能选，以此类推，最终选择1张20元和1张1元的纸币，解决价值问题。

算法设计　根据上面的思考与分析，完成算法流程图的设计。

主函数程序流程图：编写主函数程序时，首先定义了数组变量rmb、整型变量pay以及num，分别表示每张纸币的面值、找付零钱的金额，以及找付零钱的纸币数量；接着定义动态数组t和表示数组大小的变量n，将变量dis、pay、t，以及n作为参数传入找钱函数中进行调用，并将其返回的结果存储到变量num中；最后输出纸币数量和面值。

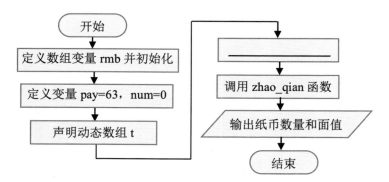

找钱函数流程图：编写该函数程序时，首先定义了整型变量count，用来记录纸币数量；接着设置循环条件，在循环体中设置判定条件，如果当前金额小于当前最大的纸币面值，则使用面值更小的纸币，否则使用该纸币，并将使用的纸币面值存储到动态数组t中，变量count值也同时加1；最后将count的值返回。

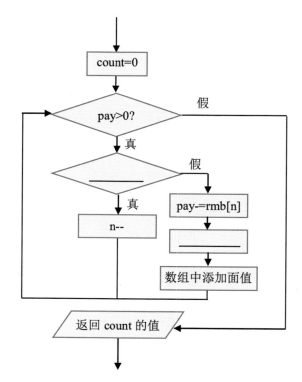

3. 案例实施

编写程序　用贪心算法解决价值问题，按照其原则，首先选择面值较大的纸币，再以此类推选择其他面值的纸币，直到和找付的零钱面值相等停止选择，编写的程序代码如下图所示。

```
1  #include <iostream>
2  #include <vector>                  // 引入vector库
3  using namespace std;
4  int zhao_qian(int rmb[],int pay,int n,vector<int>& t){
5      int count=0;                   // 定义变量count并赋值为0，count用于记录纸币数量
6      while(pay>0){
7          if(pay<rmb[n])n--;                 // 金额小于当前面值，用更小的面值
8          else{
9              pay-=rmb[n];                   // 金额大于当前面值，使用该纸币
10             count++;
11             t.push_back(rmb[n]);           // 在数组最后添加使用的人民币面值
12         }
13     }
14     return count;
15 }
16 int main(){
17     int rmb[]={1,5,10,20,50};              // 定义人民币金额面值
18     int pay=63;                            // 定义找付零钱的金额
19     int num=0;
20     vector<int> t;                         // 声明动态数组t
21     int n=sizeof(rmb)/sizeof(rmb[0])-1;    // 计算数组大小
22     num=zhao_qian(rmb,pay,n,t);
23     cout<<"找付零钱纸币的数量为："<<num<<"张"<<endl;
24     cout<<"分别为：";
25     for(int i=0;i<t.size();i++){
26         cout<<t.at(i)<<"元 ";                  // 输出纸币面值
27     }
28     return 0;
29 }
```

测试程序　编译运行程序，输出纸币的数量和面值，程序运行结果如下图所示。

```
找付零钱纸币的数量为：5张
分别为：50元 10元 1元 1元 1元
--------------------------------
Process exited after 0.8953 seconds with return value 0
请按任意键继续. . .
```

答疑解惑　在上述程序中，当贪心条件成立时，记录纸币数量要加1，即程序第10行变量count的值，找付零钱的金额也必须减去相应的面值金额，即程序第9行变量pay的值，如果变量pay的值没有发生改变，程序就会丢失终止条件，造成死循环。

案例 83 安排会议不冲突

案例知识：区间相交问题

某酒店里有一个会议室，每天都会承办各式会议，酒店工作人员需要对会议室进行管理和安排。现在酒店要求每个时间段最多安排一个会议活动，要尽可能多地安排会议活动，并且时间不能冲突。那么，要如何通过编程来安排会议时间呢？

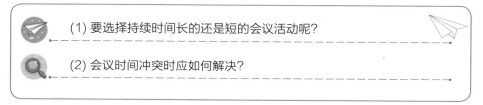

会议编号	开始时间	结束时间
会议一	8点	12点
会议二	9点	11点
会议三	14点	18点
会议四	14点	16点
会议五	16点	18点

1. 案例分析

提出问题 要通过编程来安排会议时间，需要先思考如下问题。

(1) 要选择持续时间长的还是短的会议活动呢？

(2) 会议时间冲突时应如何解决？

思路分析 依据题意，要尽可能多地安排会议活动，并且安排的时间不能冲突，这时可以选择最早结束的会议和最晚开始的会议。首先按会议的结束时间从小到大进行排序，如果结束时间相同，再按会议的开始时间从大到小排序。按照以上规则选择会议，并且选择会议活动时要求会议时间互不冲突，记录选择的会议编号和数量。

2. 案例准备

区间相交问题 在日常生活中，常常会遇到不相交问题，如学校排课、会议安排等。在本案例中，要求尽量多安排会议活动，也就是说会议活动应尽早开始并且持续时间较短。要解决该问题，其贪心算法的策略共有三种，即选最早开始的会议、选持续时间最短的会议，以及选最早结束的会议。针对本题，其局部最优解是"对于每一个会议活动而言，后面的会议活动是离前一个会议活动最近且持续时间最短的"，所以首选最早结束的会议。

算法设计　根据上面的思考与分析，完成算法流程图的设计。

声明结构体：首先将结构体命名为Meet，接着在结构体中定义2个成员变量start和end，分别表示会议的开始时间和结束时间。

结构体名	Meet
成员变量1	number
成员变量2	start
成员变量2	end

主函数程序流程图：首先定义数组变量cou、整型变量sum和last，分别用来表示每场会议的信息、安排的会议数量，以及每场会议的结束时间；接着调用排序函数，按照自定义规则排序，再将第一个会议的结束时间存入变量last中，然后设置循环条件，在循环体中设置判定条件，如果当前活动的开始时间大于等于变量last的值，则输出当前的会议编号，将变量sum的值加1，并将当前活动的结束时间赋给变量last；最后输出变量sum的值，即安排的会议数量。

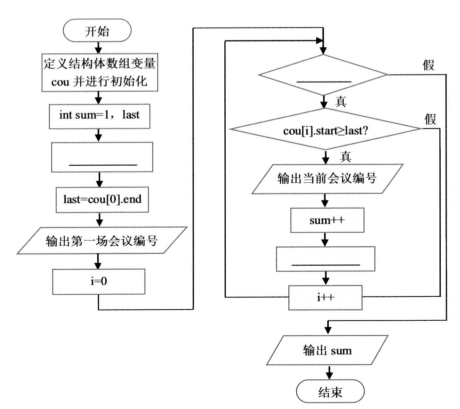

排序函数程序流程图：在结构体排序函数中，首先定义排序规则，如果会议的结束时间一样，按照会议的开始时间从大到小排序，否则按照会议的结束时间从小到大排序，接着对库函数sort进行重写，并将重写后的结果返回。

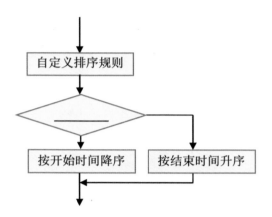

3. 案例实施

编写程序　为了使安排的会议不冲突，按照贪心算法，可以选择最早结束的会议，再以此类推选择其他会议，编写的程序代码如下图所示。

```
1   #include <iostream>
2   #include <string>
3   #include <algorithm>        // 引入algorithm库
4   using namespace std;
5   struct Meet{                // 声明结构体Meet
6       string number;          // 定义成员变量number
7       int start;              // 定义成员变量start
8       int end;                // 定义成员变量end
9   };
10  bool cma(Meet &m1,Meet &m2){
11      if(m1.end==m2.end)      // 如果会议结束时间一样
12          return m1.start>m2.start;   // 按会议开始时间从大到小排序
13      return m1.end<m2.end;   // 按会议结束时间从小到大排序
14  }
15  int main(){
16      Meet cou[5]={
17      {"会议一",8,12},{"会议二",9,11},
18      {"会议三",14,18},{"会议四",14,16},
19      {"会议五",16,18}         // 定义结构体数组变量并初始化
20      };
```

```
21        int sum=1,last;
22        sort(cou,cou+5,cma);          // 调用库函数sort
23        last=cou[0].end;              // 将第一个会议活动的结束时间放入last变量中
24        cout<<"会议安排为: "<<cou[0].number<<" ";
25        for(int i=0;i<5;i++){
26            if(cou[i].start>=last){    // 大于等于上一个会议活动结束时间
27                cout<<cou[i].number<<" ";
28                sum++;                 // 增加会议数量
29                last=cou[i].end;       // 更新会议活动结束时间
30            }
31        }
32        cout<<endl;
33        cout<<"会议总数为 :"<<sum<<"场";    // 输出会议总数
34        return 0;
35    }
```

测试程序　编译运行程序，在计算机屏幕上，显示安排的会议编号及数量，程序运行结果如下图所示。

```
会议安排为：会议二 会议四 会议五
会议总数为 :3场
--------------------------------
Process exited after 1.362 seconds with return value 0
请按任意键继续. . .
```

答疑解惑　在上述程序中，使用sort库函数时，起始地址和结束地址是作为参数传入函数中调用的，如果起始地址和结束地址不正确，那么排序的范围就会产生错误，如程序第22行，如果将结束地址改为cou+4，那么程序只会对前4个会议活动进行排序，这样会造成程序的运行结果不正确。

案例 84　选择无线接入点

案例知识：区间选点问题

公司派遣一名网络工程师去为某酒店的一层楼布置无线网，该层楼的走廊总长20m，酒店要求客人分别站在4m、2m、8m、14m、16m、18m、10m的位置时都能上网。为了完成任务，工程师准备在这些位置的附近布置无线AP(无线接入设备)，每个无线AP能覆盖的范围为6m(前后各3m)，如何布置最少数量的无线AP就可以完成任务呢？请通过C++语言编程实现。

1. 案例分析

提出问题　要布置最少数量的无线AP来完成任务，需要思考的问题如下。

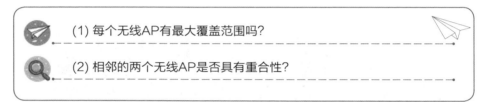

(1) 每个无线AP有最大覆盖范围吗？

(2) 相邻的两个无线AP是否具有重合性？

思路分析　本案例中需要在指定位置附近布置无线AP，使得客户站在这些位置上都能上网，并要求布置的无线AP数量最少。解决问题的最优策略是，首先对案例中给出的指定位置进行升序排列，再在两个位置之间布置一个无线AP，使得这两个位置都能被覆盖到，如果两个相邻指定位置之间的距离小于或等于无线AP的覆盖范围，则此处无须布置无线AP。以此类推，求解出布置的无线AP数量。

2. 案例准备

区间选点问题　假设有一个封闭区间被划分成若干子区间，在这些子区间中选择一个点，使得每个子区间内都包含这个点。针对本题，要求布置最少数量的无线AP覆盖所有的指定位置，按照贪心算法的决策，需要考虑后一个位置和前一个位置能同时满足无线AP的覆盖范围，即当两个指定位置间的距离小于或等于3m时，能够共用一个无线AP，比如客户站在三个指定的位置上，分别为8m、10m、14m处，那么无线AP也能覆盖9～13m的范围。

算法设计　根据上面的思考与分析，完成算法流程图设计。

主函数程序流程图：编写主函数程序时，首先定义了数组变量dis、整型变量n及count，分别用来表示客户站在走廊的位置、数组大小及无线AP的数量；然后将变量dis和n作为参数传入位置函数中进行调用，并将其返回的结果存储到变量count中；最后输出count的值，即无线AP的数量。

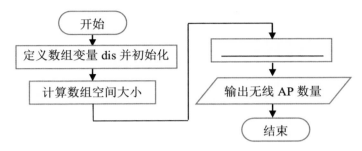

位置函数程序流程图：编写函数程序时，首先定义了整型变量count和WiFi，分别用于记录无线AP的数量及其覆盖范围；接着设置循环条件，再在循环体中设置判定条件，如果两个相邻位置之间的距离小于或等于无线AP的覆盖范围，则进行下一次循环，否则将变量count值加1；最后返回变量count的值。

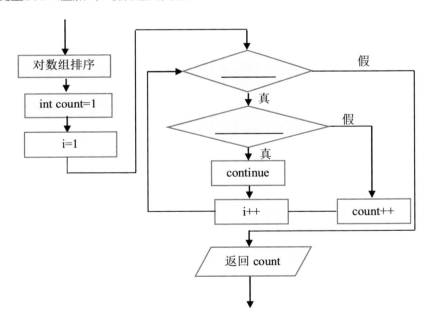

3. 案例实施

编写程序　根据算法流程图，使用贪心算法来解决区间选点问题，编写的程序代码如下图所示。

```
1   #include<iostream>
2   #include<algorithm>
3   using namespace std;
4   int wifi=3;                              // 无线AP的覆盖范围
5   int point(int dis[],int n){
6       sort(dis,dis+n);                     // 对数组进行排序
7       int count=1;
8       for(int i=1;i<n;i++){
9           if(dis[i]-dis[i-1]<=wifi)continue;
10          else count++;                    // 记录无线AP的数量
11      }
12      return count;
13  }
14  int main(){
15      int dis[]={4,2,8,14,16,18,10};       // 定义数组变量dis并初始化
16      int n=sizeof(dis)/sizeof(int);       // 计算数组空间大小
17      int count=point(dis,n);              // 调用point函数
18      cout<<"布置"<<count<<"个无线AP能完成任务";   // 输出结果
19      return 0;
20  }
```

测试程序　编译运行程序，输出布置在走廊上的无线AP数量，程序运行结果如下图所示。

```
布置3个无线AP能完成任务
--------------------------------
Process exited after 0.06118 seconds with return value 0
请按任意键继续. . .
```

答疑解惑　程序中第9行表示，如果前一个指定的位置与后一个指定的位置的间距小于等于3m，则只需要布置一个无线AP就能覆盖这两个位置，如果将其改为大于3，则每个位置处都需要布置一个无线AP，不满足题意中"最少"这个条件，会使得程序发生错误。

案例 85 火车调度要合理
案例知识：归并排序

某城市火车站现有5列火车准备发车，每一列火车行驶的速度均不相同，分别是151km/h、140km/h、139km/h、127km/h、96km/h，那么如何安排发车的顺序才能让火车安全行驶呢？请你运用C++设计一个程序，合理安排火车发车的顺序。

1. 案例分析

提出问题　要合理安排火车发车的顺序，需要思考如下问题。

　　(1) 为了让火车安全行驶，速度慢和速度快的火车谁先出发？

　　(2) 火车站可不可以让速度慢的列车先出发？

思路分析　根据题意已知，给出5列火车的行驶速度，速度以千米/小时为单位，即给出5个整数，并存储到一个整型的数组变量中。解决问题的最优策略是，将火车的行驶速度按照从大到小降序输出，即可解决问题。

2. 案例准备

归并排序　所谓分治，是指在处理一些复杂的问题时，可以把它们分解成同类子问题，然后再分，直到可以求出解为止，最后再将子问题的解合并求出原来问题的解。分治思想的应用很广泛，像归并排序就是一种以分治思想为基础的排序算法，它把要排序的数组中的数据分成两半，再以相同的方式分解子数组中的数据，直到子数组中只有一个数据为止，然后从包含单个数据的数组开始往上合并，直到合并完成，这样就得到了排序后的数组数据。接下来，以数组{2、1、7、5、3、4、6}的升序排序为例，过程如下图所示。

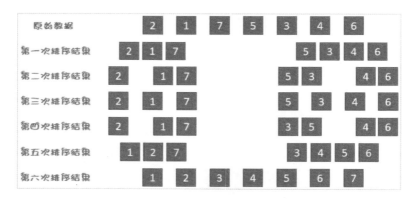

算法设计　根据上面的思考与分析，完成算法流程图。

主函数程序流程图：编写主函数程序时，首先定义了数组变量spe、temp，以及整型变量n，分别用来表示每列火车的行驶速度、数组变量spe中的数据，以及数组空间的大小，然后将这些变量作为参数传入归并函数中进行调用，最后输出火车的发车顺序。

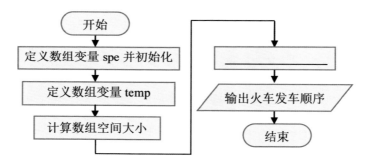

归并排序函数程序流程图：编写归并排序函数时，首先根据数组变量spe的下标范围设置判定条件，接着先寻找数组变量spe的中间值，再调用函数自身，对其左、右半边数据进行排序，最后调用合并函数，将排序完成的数据合并。

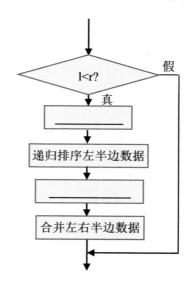

合并函数程序流程图：编写该函数程序时，首先定义了整型变量l_pos、r_pos和pos，其中l_pos和r_pos表示数组变量spe左半边和右半边第一个数组元素的下标，而pos表示数组变量temp第一个数组元素的下标；然后设置循环条件，在循环体中设置判定条件，如果数组变量spe左半边第一个数据元素小于它的右半边第一个数据元素，则从数组变量spe左半边第一个数据元素开始，依次赋值给数组变量temp，否则从数组变量spe右半边第一个数据元素开始，依次赋值给数组变量temp，接着合并数组变量temp两边剩余的数组元素；最后将数组变量temp中的数组元素依次赋值到数组变量spe中。

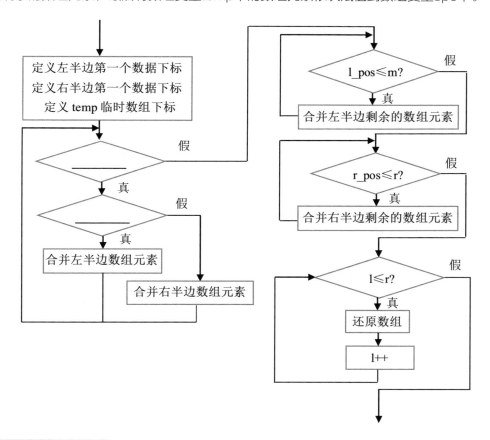

3. 案例实施

编写程序　根据算法流程图，采用分治算法来解决"火车调度"问题，编写的程序代码如下图所示。

```cpp
 1   #include<iostream>
 2   using namespace std;
 3   void merge(int spe[],int temp[],int l,int m,int r){
 4       int l_pos=l;                          // 定义左半边第一个数组元素的下标
 5       int r_pos=m+1;                        // 定义右半边第一个数组元素的下标
 6       int pos=l;                            // 定义临时数组元素的下标
 7       while(l_pos<=m&&r_pos<=r){
 8           if(spe[l_pos]<spe[r_pos])          // 如果左半边第一个数组元素更小
 9               temp[pos++]=spe[l_pos++];
10           else                               // 如果右半边第一个数组元素更小
11               temp[pos++]=spe[r_pos++];
12       }
13       while(l_pos<=m)
14           temp[pos++]=spe[l_pos++];          // 合并左半边剩余的数组元素
15       while(r_pos<=r)
16           temp[pos++]=spe[r_pos++];          // 合并右半边剩余的数组元素
17       while(l<=r){
18           spe[l]=temp[l];                    // 将temp数组中合并的元素复制回原来数组中
19           l++;
20       }
21   }
22   void msort(int spe[],int temp[],int l,int r){
23       if(l<r){
24           int m=(l+r)/2;                     // 寻找中间点
25           msort(spe,temp,l,m);               // 对左半边数据递归排序
26           msort(spe,temp,m+1,r);             // 对右半边数据递归排序
27           merge(spe,temp,l,m,r);             // 合并左右半边已排序的数据
28       }
29   }
30   int main(){
31       int spe[5]={151,140,127,96,139};      // 定义spe数组，并初始化
32       int temp[5];                          // 定义temp数组，临时存放spe中的数据
33       int n=sizeof(spe)/sizeof(int);        // 计算数组空间大小
34       msort(spe,temp,0,n-1);                // 调用msort函数
35       cout<<"火车发车顺序为：";
36       for(int i=n-1;i>=0;i--)
37       cout<<spe[i]<<" ";                    // 输出火车发车顺序
38       return 0;
39   }
```

测试程序　编译运行程序，在计算机屏幕上显示火车发车的顺序，程序运行结果如下图所示。

```
火车发车顺序为：151 140 139 127 96
--------------------------------
Process exited after 0.9358 seconds with return value 0
请按任意键继续. . .
```

答疑解惑　程序中第32行定义的temp数组，是用来临时存放spe数组元素的空间，所以其空间大小要和spe数组的空间大小保持一致，如果空间小了或者大了，会造成无法存储元素或空间浪费的情况。另外，可以使用定义动态数组的方法来分配temp数组的空间，注意当动态数组使用结束后，需要用free函数来释放其分配的空间。

案例 86　玩转猜数字游戏

案例知识：二分查找

刘小豆开发了一款"猜数字"的小游戏，游戏开始时显示一组有序的数字卡片，卡片上显示数字的面朝下。游戏规则为先由裁判给出一个100以内的数字，玩家需要快速猜中这个数字，玩家每次只能翻开一张卡片查看数字，翻看卡片次数最少的玩家获胜。若你是玩家，应如何在游戏中获胜？请你编写一个程序，帮助刘小豆统计玩家最少能用几次猜中数字。

猜数字游戏

1 2 3
4 5 6
7 8 9
0

1. 案例分析

提出问题　玩家若想在"猜数字"游戏中获胜，需要思考如下问题。

(1) 依次翻开卡片查看数字，最多要翻几次可以找到正确答案？

(2) 每次翻中间的卡片查看数字，最多要翻几次能找到正确答案？

思路分析　在一组有序的数字序列中，游戏玩家需要尝试多少次才能猜中裁判指定的数字。解决问题的最优策略是，先寻找中间数字，判断中间数字与目标数字的关系，从而决策出下一步查找的范围，把另一半排除，以此类推，直到找到指定的数字为止，并输出找到目标数字的次数。

2. 案例准备 ⚒

二分查找　二分查找是一种以分治思想为基础的查找算法。先将数组中的数据进行升序排列，接着查找数组中间位置的数据，判断该数据是否为目标数据，若不是则进一步查找。如果目标数据比数组中间位置的数据小，就在整个数组的左边数据中继续查找，将数组右边的数据排除，这样大大缩短了查找的时间，以此类推，直到找到目标数据为止，反之亦然。查找的过程如下图所示，红色为目标数据。

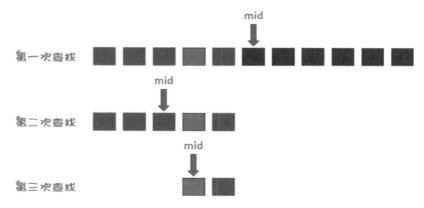

算法设计　根据上面的思考与分析，完成算法流程图设计。

主函数程序流程图：编写主函数程序时，首先定义了整型变量num、daan、l和r，分别用来表示裁判给出的数字、玩家猜中的数字，以及数字的查找范围，然后将变量l、r和num作为参数传入查找函数中进行调用，并将其返回的结果存储到变量daan中，最后输出玩家猜中的数字及猜中数字的最少次数。

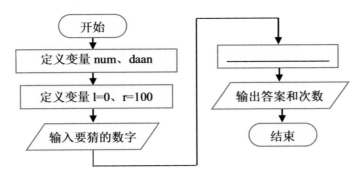

查找函数程序流程图：在查找函数中，首先根据数字的查找范围计算出中间值，接着判断中间值与目标值(裁判给出的数字)的关系，如果其正好是目标值，则说明已经猜中数字，返回猜中的数字，并记录猜中数字的次数。将其存储在整型变量order中，如果不是目标值，则递归调用函数自身，继续查找。

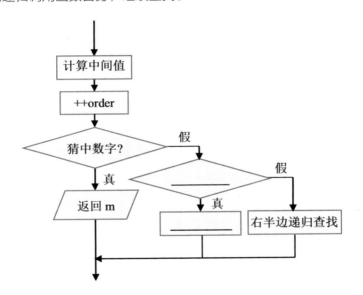

3. 案例实施

编写程序　要想让玩家在"猜数字游戏"中获胜，可以用二分查找法帮助玩家快速猜中由裁判指定的数字，编写的程序代码如下图所示。

```
1    #include<iostream>
2    using namespace std;
3    int order=0;
4    int guess(int l,int r,int num){
5        int m=(l+r)/2;                          // 计算中间值
6        ++order;                                // 记录次数
7        if(num==m)return m;                     // 如果玩家猜中数字，返回猜中的数字
8        else if(num>m)guess(m+1,r,num);
9        else
10           guess(l,m-1,num);                   // 在左半边递归查找
11   }
12   int main(){
13       int num,daan,l=0,r=100;
14       cout<<"请裁判给出数字：";
15       cin>>num;
16       daan=guess(l,r,num);                    // 调用查找函数
17       cout<<"游戏玩家猜对了,数字是："<<daan<<endl;
18       cout<<"游戏玩家"<<order<<"次猜对数字"<<endl;   // 输出值
19       return 0;
20   }
```

测试程序 编译运行程序，输入裁判给的数字，运行结果如下图所示。

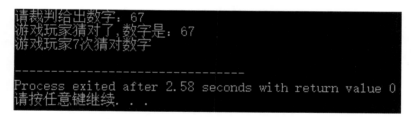

答疑解惑 程序第8行和第10行中使用了递归函数，该函数一定要有终止条件，即return语句，否则函数会一直递归下去，形成死循环。另外，程序中记录次数的变量order要放在函数外面，如果将其放在函数中，它的使用范围只在函数里面，当每次调用函数时，变量order值都会为0，这样会造成记录的次数不正确。

案例 87 废木料循环利用

案例知识：二分答案

随着人们对木制产品需求的增加，加工木制品的企业越来越多，生产过程中造成大量的废木料。为了响应国家"绿色环保"的号召，企业需进行废木料的循环利用。某企

业的废弃材料中有很多长短不一的木头，工人们想把这些木头切割成长度相同的小段木头，并且希望得到的小段木头长度越长越好，请编程解决此问题。

1. 案例分析

提出问题 要从n根长度不同的废弃木头中切割出k段长度相同的木头，并保证切割出的长度最长，需要思考如下问题。

> (1) 极端情况下切割出的木头的最长长度和最短长度是多少？
>
> (2) 如何快速判断切割出的木头长度是否满足要求？

思路分析 依据题意，要求从n根长度不同的废弃木头中切割出k段长度相同的最长木头。例如，共有3根废弃木头，长度分别为3米、4米、9米，要求切割出3根长度相同的木头，这时可以先求出3根废弃木头的最长长度(最长长度为9米)，利用前面学习的二分法把最小长度0米到最大长度9米，都放到自定义的检测函数中判断，则可以得知切割出的最长长度为4米，从而解决问题。

2. 案例准备

二分答案 二分答案与二分法类似，大多数情况下用于求解满足某种条件的最大值或最小值，即对有着单调性的答案区间进行二分。本题中求解满足数量条件下的长度最大值，其单调性是指，废弃木头被切割成的段数随着切割出的木头长度缩小而增大，它可以使用二分答案来解决，每次检测区间中间值是否满足条件，以缩短区间，直到左右区间点的差值缩减到精度要求范围内，输出答案。其过程示意图如下：

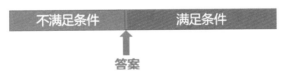

算法设计 根据上面的思考与分析，完成算法流程图的设计。

主函数程序流程图：编写主函数程序时，首先定义了数组变量wood、整型变量n、k和length，分别用来表示每根废弃木头的长度值、废木头数量、切割段数，以及切割出的废木头长度；再定义整型变量max，表示最长一根废木头的长度，接着设置循环条件，在循环体中输入每根废木头的长度，并求出max的值，然后将数字0和max的值作为参数传入二分答案函数中进行调用；最后输出length的值，即切割出的废木头长度。

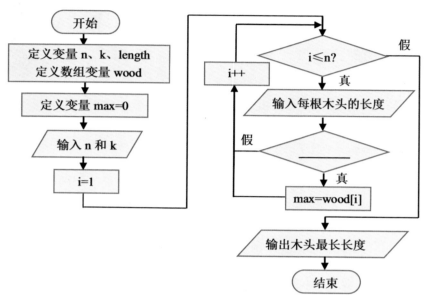

二分答案函数程序流程图：在二分答案函数中，首先根据废木头的长度范围计算出中间值；接着将中间值作为参数传入检测函数中进行调用，判断中间值是否满足条件，如果满足条件，则保存中间值，将其存储在整型变量length中，并向下缩小规模，继续检测，否则向上缩小规模，继续检测；最后返回变量length的值。

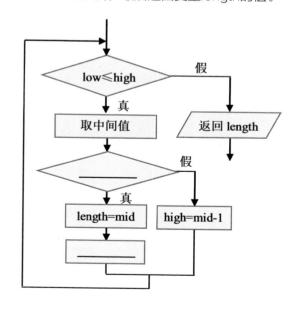

　　检测函数程序流程图：编写该函数程序时，首先定义了整型变量sum，表示切割出的废木头数量；接着设置循环条件，在循环体中设置判定条件，如果废木头的长度大于等于中间值，则将切割出的废木头数量存入变量sum中，否则进入下一次循环继续判断；最后返回变量sum的值。

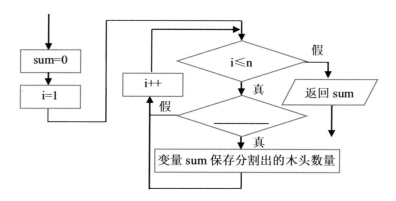

3. 案例实施

　　编写程序　本案例可以用二分答案算法来解决"废木料循环利用"问题，编写的程序代码如下图所示。

```
 1   #include <iostream>
 2   using namespace std;
 3   int n,k,wood[1000],length;        // 定义变量n，k，length以及数组变量wood
 4   int check(int mid){               // 检测函数
 5       int sum=0;
 6       for(int i=1;i<=n;i++)
 7           if(wood[i]>=mid)
 8               sum+=wood[i]/mid;     // 将分出的木头存入变量sum中
 9       return sum;                   // 返回sum的值
10   }
11   int answer(int low,int high){     // 二分答案函数
12       while(low<=high){             // 循环条件设置为low≤high
13           int mid=(low+high)/2;     // 计算中间值
14           if(check(mid)>=k){        // 如果检测结果比实际需求多
15               length=mid;           // 保存中间值
16               low=mid+1;            // 向下缩小规模，继续检测
17           }
18           else{
19               high=mid-1;           // 向上缩小规模，继续检测
20           }
```

```
21          }
22          return length;                    // 返回结果
23      }
24  int main(){
25      int max=0;
26      cin>>n>>k;                             // 输入n和k的值
27      for(int i=1;i<=n;i++){
28          cin>>wood[i];                      // 输入每根废弃木头的长度
29          if(wood[i]>max)max=wood[i];        // 求出最长废弃木头的长度
30      }
31      cout<<"切割出木头的最长长度为 :";
32      cout<<answer(0,max);                   // 输出切割出木头的最长长度
33      return 0;
34  }
```

测试程序　编译运行程序，依次输入废木头数量n、切割段数k，以及每根废弃木头的长度值，其运行结果如下图所示。

```
3 3
3 4 9
切割出木头的最长长度为 :4
--------------------------------
Process exited after 29.26 seconds with return value 0
请按任意键继续. . .
```

答疑解惑　在上述程序中，将数组以及变量的定义放在程序的第3行，这样它的使用范围覆盖main函数、check函数及answer函数。如果在其中一个函数中定义数组及变量，它只能在该函数中使用，如果在其他函数中使用这些数组和变量，程序会发生编译错误。

案例 88 影子的长度变化
案例知识： 三分算法

影子是由于光线被物体挡住而形成的阴影，它是一种光学现象。假如有一面墙，距离墙面4米远的位置上有一盏高度为4米的灯，那么一个身高1.5米的人从灯下位置走到墙边的过程中，在哪个位置映出的墙面上的影子最长？请编程解决此问题。

1. 案例分析

提出问题　要计算走到哪个位置在墙面上映出的影子最长，需要先思考如下问题。

　(1) 影子的长度与灯距地面的高度有没有关系？

　(2) 人从灯的正下方走向墙面，影子有怎样的变化规律？

思路分析　案例中的具体信息如下图所示，按照相似三角形的知识可以推导出：影子的长度L跟人所在的位置X之间存在的关系为$L=(h \times D - H \times X)/(D-X)+X$。只要求出X在D的哪个位置的L值最大，即可解决此问题。

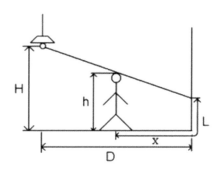

2. 案例准备 A

三分算法　三分算法是基于分治思想的高效查找方法，其常用在求解单峰函数的极值问题中。本题中，从图像上看只有一个最高点，可以使用三分算法快速找到最高点所在的位置，其过程示意如下图所示。

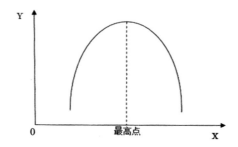

算法设计　　根据上面的思考与分析，完成算法流程图的设计。

主函数程序流程图：编写主函数程序时，首先定义了实型变量H、h、D和X，分别用来表示灯距地面的高度、人的身高、灯与墙面之间的距离，以及人与墙面之间的距离；然后将变量D作为参数传入三分算法函数中进行调用，再将其返回结果作为参数传入计算函数中进行调用；最后将计算函数返回的结果存储到变量X中，并输出X的值，即人与墙面之间的距离。

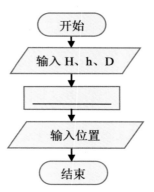

计算函数程序流程图：根据函数中传入的X值，计算影子的长度，并返回。

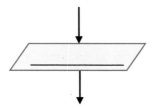

三分算法函数程序流程图：编写该函数程序时，首先定义实型变量l和h，表示人所在位置的左右边界；然后设置循环条件，即左右边界之差小于精度，在循环体中定义实型变量d1和d2，表示目前人所在的位置，接着调用计算函数，并设置判定条件，如果位置d1形成的影子长度大于或等于位置d2形成的影子长度，则更新区间右端点，即将变量d2的值赋给变量h，否则更新区间左端点，即将变量d1的值赋给变量l；最后将l的值返回。

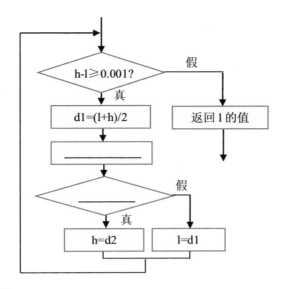

3. 案例实施

编写程序　本案例可以用三分算法来求解X的值，即影子最长时，人与墙面之间的距离，编写的程序代码如下图所示。

```cpp
1  #include <iostream>
2  #include <cstdio>
3  using namespace std;
4  double H,h,D;                              // 定义变量H、h、D
5  double ans(double X){
6      return (h*D-H*X)/(D-X)+X;              // 计算影子的长度
7  }
8  double sfen(double l,double h){
9      while(h-l)>=0.001){                    // 控制精确度
10         double d1=(l+h)/2;                 // 计算三分之一处点
11         double d2=(d1+h)/2;                // 计算三分之二处点
12         if(ans(d1)>=ans(d2))h=d2;          // 更新区间右端点
13         else l=d1;                         // 更新区间左端点
14         }
15     return l;                             // 返回左端点
16 }
17 int main(){
18     cin>>H>>h>>D;                         // 输入H、h、D
19     double X=ans(sfen(0.01,D));            // 计算人与墙面的距离
20     cout<<"人走到";
21     printf("%.3lf",X);                     // 输出结果
22     cout<<"米的位置时映出的墙面上的影子最长";
23     return 0;
24 }
```

　　测试程序　编译运行程序，依次输入H、h、D三个数值，其运行结果如下图所示。

```
5 3 6
人走到4.072米的位置时映出的墙面上的影子最长
--------------------------------
Process exited after 7.434 seconds with return value 0
请按任意键继续. . .
```

　　答疑解惑　程序中第9行表示当左右边界的差值小于精确度时，则结束循环。精确度可以自行设置，其中小数位越多，代表数值越精确，题目中要求保留三位小数，所以左右边界的差值要小于0.001，如果精确度设置得过大，会导致程序运行结果发生错误。

第8章

突破难关——排序搜索

　　排序算法是将杂乱无章的数据元素，通过一定的方法，按照前后顺序进行排列的过程，在计算机程序中，其目的是将一组"无序"的记录序列转变为"有序"的记录序列；搜索算法是有针对性地列举出一个问题可能存在的所有解决方案，从而找出解决问题的方法。

　　本章将重点讲解几种常见的排序算法和搜索算法，如果将这些算法应用在工作和学习中，则可以大大提高效率、节省时间。

🎓 学习内容

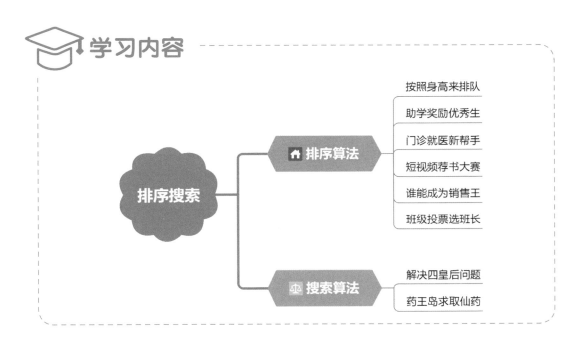

案例 89 按照身高来排队

案例知识：冒泡排序

课间操是学生每天必须参加的一项体育活动，学生可进行体育锻炼，打造健康的体魄。方舟小学每天上午9:30到10:00为课间操时间，301班班主任要求学生按照身高从小到大排成一队去楼下做操，这样能够培养学生的组织性、纪律性和集体主义精神。你能通过C++编写程序，帮助班主任给学生排队吗？

1. 案例分析

提出问题　要模拟他们的排队过程，需要先思考如下问题。

 (1) 如何进行2个学生的身高比较？

 (2) 以身高排序时，需要比较几次？

思路分析　以班级中5名学生的身高为例，身高值以米为单位，即给出5个小数，并存储到一个实型的数组变量中，将学生的身高按照从小到大升序输出。

2. 案例准备

冒泡排序　冒泡排序的基本原理是对存放原始数据的数组，按从前往后的方向进行多次扫描，每次扫描称为一趟，当发现相邻两个数据的次序不符合排序要求的大小次序时，将两个数据互换。接下来，以数组{151、140、127、139、96}从小到大排序为例，排序过程如下图所示。

原始数据

序号	1	2	3	4	5
数据	151	140	127	139	96

第一次排序结果

序号	1	2	3	4	5
数据	140	127	139	96	151

第二次排序结果

序号	1	2	3	4	5
数据	127	139	96	140	151

第三次排序结果

序号	1	2	3	4	5
数据	127	96	139	140	151

第四次排序结果

序号	1	2	3	4	5
数据	96	127	139	140	151

算法设计　根据上面的思考与分析，完成算法流程图的设计。

主函数程序流程图：编写主函数程序时，首先定义了数组变量list、整型变量max、以及temp，分别用来存储每位学生的身高值、数组大小，以及临时存储的数据；然后将这些变量作为参数传入冒泡排序函数中进行调用；最后输出排序后的身高值。

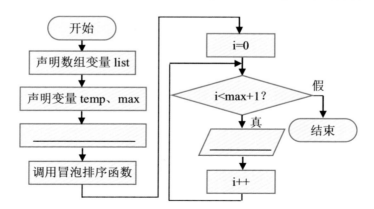

冒泡排序函数程序流程图：编写冒泡排序函数时，首先设置循环条件，在循环体中比较数组中所有相邻的数据，如果发现第1个数据比第2个数据大，就进行交换，重复以上步骤，直到完成排序。

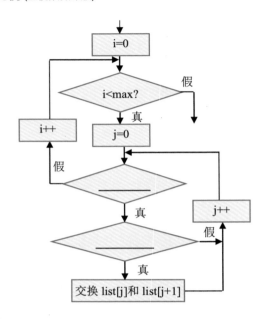

3. 案例实施 🔧

编写程序　根据算法流程图，用冒泡排序算法解决"身高排序"的问题，编写的程序代码如下图所示。

```cpp
1   #include <iostream>
2   using namespace std;
3   void maopao_sort(float list[],int max,float temp){
4       for(int i=0;i<max;i++)
5       for(int j=0;j<max-i;j++)
6           if(list[j]>list[j+1]){                 // 循环遍历数组
7               temp=list[j];
8               list[j]=list[j+1];
9               list[j+1]=temp;                    // 交换list[j]和list[j+1]的值
10          }
11  }
12  int main(){
13  float list[]={1.34,1.27,1.23,1.31,1.29};       // 定义数组变量list
14  int max;                                       // 定义变量max
15  float temp;
16  max=sizeof(list)/sizeof(list[0])-1;            // 计算数组大小
17  maopao_sort(list,max,temp);                    // 调用maopao_sort函数
18  for(int i=0;i<max+1;i++){
19      cout<<list[i]<<" ";                        // 输出排序后数组的值
20  }
21      return 0;
22  }
```

测试程序　编译运行程序，在计算机屏幕上，按照从小到大的顺序显示每位学生的身高值，程序运行结果如下图所示。

```
1.23 1.27 1.29 1.31 1.34
------------------------------
Process exited after 0.0543 seconds with return value 0
请按任意键继续. . .
```

答疑解惑　程序中不能直接将两个数组的值进行交换，因为这样会导致两个数值相等。因此，需要采取中间变量暂存其中一个数组的值，等待其中一个数组获得对方数组的值后，再将暂存在中间变量中的值赋给对方数组，完成交换。

案例 90 助学奖励优秀生

案例知识：结构体排序

最近，方舟中学第六届"金秋助学"活动成功举办，学校依据上学期学生期末考试成绩，为成绩优秀的前5名学生发放助学奖金。请你编写程序，统计出获得助学金的学生信息。

1. 案例分析

提出问题　要统计出获得助学金的学生信息，需要先思考如下问题。

　(1) 学校发放助学金的标准是什么？

　(2) 根据学生的期末考试成绩，如何自定义排序规则？

思路分析　首先应设计一个结构体，结构体中包含学生姓名和期末考试成绩的信息；然后将结构体中学生的期末考试成绩按降序排列；最后输出获得助学金的学生信息。

2. 案例准备

结构体　结构体是一个集合，它能够包含一个或多个变量，这些变量可以是不同的数据类型。在使用结构体之前要对其进行声明，结构体的基本格式如下。

> **声明结构体格式**：struct 结构体名{
>
>   成员变量1;
>
>   成员变量2;
>
>   };
>
> **结构体变量的定义**：结构体名 变量名
>
> **功能**：和使用其他数据类型去定义变量的方法一样，先声明结构体，再用结构体去定义变量。
>
> **例**：struct Staff{
>
>   string name;
>
>   int age;
>
>   };
>
>   staff per;

算法设计　根据上面的思考与分析，完成算法流程图的设计。

声明结构体：首先将结构体命名为Student；然后在结构体中定义两个成员变量name和score，分别表示学生的姓名和期末考试成绩。

结构体名	Student
成员变量1	name
成员变量2	score

主函数程序流程图：编写主函数程序时，首先定义结构体数组变量stu，并将其初始化，存储每个学生的姓名和期末考试成绩；然后调用结构体排序函数sort，按照期末考试成绩从高到低进行排序；最后输出获得助学金的学生姓名。

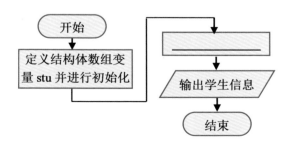

结构体排序函数程序流程图：在结构体排序函数中，首先按照学生成绩降序定义排序规则；然后对库函数sort进行重写，并将重写后的结果返回。

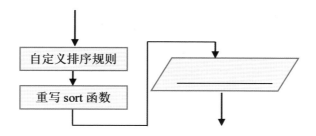

3. 案例实施

编写程序　根据算法流程图，用结构体排序算法统计获得助学金的学生信息，编写的程序代码如下图所示。

```
1  #include <iostream>
2  #include <string>
3  #include <algorithm>            // 引入algorithm库
4  using namespace std;
5  struct Student{                 // 声明结构体Student
6      string name;                // 定义成员变量name
7      int score;                  // 定义成员变量score
8  };
9  bool cpr(Student &s1,Student &s2){   // 定义排序规则为学生总分降序
10     return s1.score>s2.score;        // 重写库函数sort并重载
11 }
12 int main(){
13     Student stu[10]={
14     {"李明",410},{"王平",278},{"李丽丽",376},
15     {"汪小兵",397},{"张峰",346},{"方小龙",354},
16     {"范明明",293},{"刘玥",407},{"刘刚",384},
17     {"赵小华",326}
18     };                          // 定义结构体数组变量stu并进行初始化
19     sort(stu,stu+10,cpr);       // 调用库函数sort
20     cout<<"获得助学金的学生姓名为：";
21     for(int i=0;i<5;i++)
22         cout<<stu[i].name<<" ";  // 输出获得助学金的学生姓名
23     return 0;
24 }
```

测试程序　编译运行程序，在计算机屏幕上，显示获得助学金的学生姓名，程序运行结果如下图所示。

获得助学金的学生姓名为：李明 刘玥 汪小兵 刘刚 李丽丽

Process exited after 0.9593 seconds with return value 0
请按任意键继续. . .

答疑解惑　在C++语言中，sort函数是标准的库函数，当在程序中使用sort函数进行排序时，需要在头文件部分加上#include <algorithm>语句，否则程序在编译时会发生错误。

案例 91　门诊就医新帮手

案例知识：选择排序

刘小豆到医院看病，为了确保患者到达诊室以后有序就诊，医院在每个诊室门前都放置了一台自助报到机。患者通过各种途径挂完号后，需要到诊室自助报到机上报到确认，医生在电脑中才能获知哪些患者已到门诊，报到机会按照挂号顺序统筹安排叫号。你能在C++中编写程序，模拟自助报到机的排号过程吗？

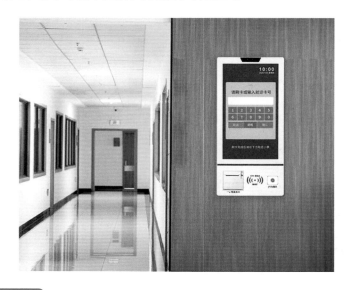

1. 案例分析

提出问题　要模拟自助报到机的排号过程，需要先思考如下问题。

(1) 自助报到机的排号标准是什么?

(2) 若预约号码在后面的患者先报到,自助报到机会如何处理?

思路分析 以10位患者预约的号码为例,首先将预约的10个号码存储到一个整型的数组变量中;然后模拟自助报到机的排号过程,将这些号码从小到大按升序排列;最后医生按照自助报到机输出的号码对患者进行诊治。

2. 案例准备

选择排序 选择排序的基本原理是对存放原始数据的数组进行多次遍历,第一次从待排序的数组数据中选出最小(大)的一个数据,存放在数组序列的起始位置,再从剩余的未排序元素中寻找到最小(大)数据,存放到已排序的序列的末尾,以此类推,直到排序完数组中的最后一个数据为止。接下来,以数组{51、46、27、16、39}从小到大排序为例,排序过程如下图所示。

原始数据

序号	1	2	3	4	5
数据	51	46	27	16	39

第一次排序结果

序号	1	2	3	4	5
数据	16	46	27	51	39

第二次排序结果

序号	1	2	3	4	5
数据	16	27	46	51	39

第三次排序结果

序号	1	2	3	4	5
数据	16	27	39	51	46

第四次排序结果

序号	1	2	3	4	5
数据	16	27	39	46	51

算法设计 根据上面的思考与分析,完成算法流程图的设计。

主函数流程图:编写主函数程序时,首先定义了数组变量num、整型变量len、min和temp,分别用来存储每位患者的预约号码、数组大小、数组中最小的数据值,以及临时存储的数据;然后将这些变量作为参数传入选择排序函数中进行调用;最后输出排序后的预约号码。

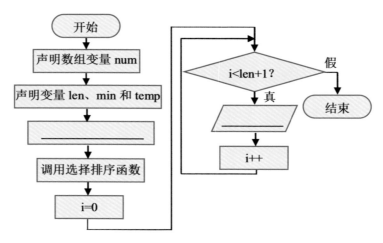

选择排序函数程序流程图：编写选择排序函数时，先设置循环条件，在循环体中假设数组中未排序的第1个数据是最小值，记录其所在数组中的下标。接着将数据与数组中其他未排序的数据进行比较，找到数组中的最小数据，并记录它所在数组中的下标，如果发现与假设数据所在数组中的下标不同，则进行交换，并将已排序的数据放在数组起始位置，重复以上步骤，直到排序完成。

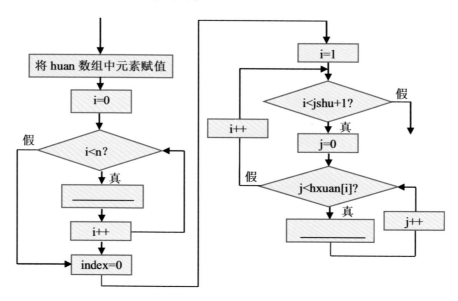

3. 案例实施

编写程序　根据算法流程图，以10位患者预约的号码为例，用选择排序算法模拟自助报到机的排号过程，编写的程序代码如下图所示。

```cpp
1  #include <iostream>
2  using namespace std;
3  void xuanze_sort(int num[],int len,int min,int temp){
4      for(int i=0;i<len;i++){
5          min=i;                              // 假设未排序第一个数据为最小值
6          for(int j=i+1;j<len+1;j++)          // 循环遍历数组
7              if(num[j]<num[min])min=j;
8              if(min!=i){                      // 如果未排序第一个数据不是最小值
9                  temp=num[min];
10                 num[min]=num[i];
11                 num[i]=temp;                // 交换num[i]和num[min]
12             }
13         }
14 }
15 int main(){
16     int num[]={12,2,21,8,5,17,10,1,7,15};   // 定义数组变量num
17     int len,min,temp;
18     len=sizeof(num)/sizeof(int)-1;          // 计算数组大小
19     xuanze_sort(num,len,min,temp);          // 调用xuanze_sort函数
20     cout<<"医生叫号的顺序为：";
21     for(int i=0;i<len+1;i++)
22     cout<<num[i]<<" ";                       // 输出排序后的数组
23     return 0;
24 }
```

测试程序　编译运行程序，输出自助报到机上显示的患者预约号码，医生按照号码进行叫号，程序运行结果如下图所示。

```
医生叫号的顺序为： 1 2 5 7 8 10 12 15 17 21
--------------------------------
Process exited after 1.119 seconds with return value 0
请按任意键继续. . .
```

答疑解惑　依据题意，是将患者的预约号码从小到大进行排序，所以程序中第7行设置判定条件时，要求设置代码为num[j]<num[min]，如果将代码设置成num[j]>num[min]，则是将患者的预约号码进行降序排列。

案例 92　短视频荐书大赛
案例知识：直接插入排序

首届"我来推荐一本书"短视频荐书大赛即将在方舟中学举办，此次活动共吸引学

校10位老师报名参加，参赛选手需要用3~5分钟的短视频推荐一本书，学校将根据选手作品的播放量来颁发相应的奖品。请你编写程序，输出获得大赛前三名的老师姓名。

1. 案例分析

提出问题　要输出获得大赛前三名的老师姓名，需要思考如下问题。

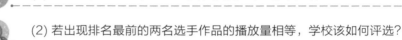

　　(1) 要评选参赛选手报送的短视频作品，评选标准是什么？

　　(2) 若出现排名最前的两名选手作品的播放量相等，学校该如何评选？

思路分析　首先应设计一个结构体，结构体中包含老师姓名和短视频播放量的信息；然后按照结构体中短视频的播放量降序排序；最后输出获得大赛前三名的老师姓名。

2. 案例准备 ⚒

直接插入排序　直接插入排序的基本思想，是每次将一个待排序的数组数据按其关键字大小插入前面已排好的序列中，从而得到一个新的有序序列，以此类推，直到排完数组中的最后一个数据为止。接下来，以数组{71、42、31、22、37}从小到大排序为例，排序过程如下图所示。

原始数据

序号	1	2	3	4	5
数据	71	42	31	22	37

第一次排序结果

序号	1	2	3	4	5
数据	42	71	31	22	37

第二次排序结果

序号	1	2	3	4	5
数据	31	42	71	22	37

第三次排序结果

序号	1	2	3	4	5
数据	22	31	42	71	37

第四次排序结果

序号	1	2	3	4	5
数据	22	31	37	42	71

算法设计　根据上面的思考与分析，完成算法流程图的设计。

声明结构体：首先将结构体命名为Teacher；然后在结构体中定义2个成员变量name和bof，分别表示教师姓名和视频播放量。

结构体名	Teacher
成员变量1	name
成员变量2	bof

主函数流程图：编写主函数程序时，首先定义结构体数组变量ter，并将其初始化，存储每位老师的姓名和视频的播放量；然后将数组变量首地址和参赛人数作为参数传入排序函数中进行调用；最后输出获得大赛前三名老师的姓名。

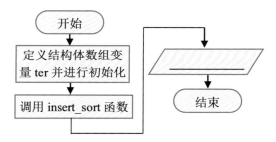

直接插入排序函数流程图：编写直接插入排序函数时，要设置循环条件，在循环体中将一个待排序的数组数据按其播放量大小，直接插入已排好序的数组中，从而得到一个新的有序数组。重复以上步骤，直到数组中的最后一个数据完成排序为止。

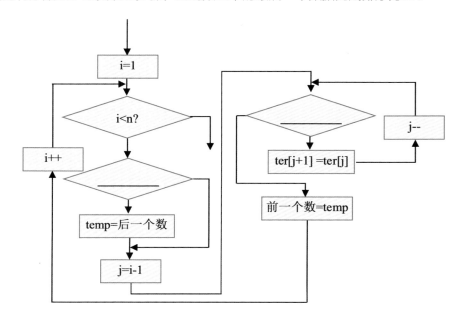

3. 案例实施

编写程序　根据算法流程图，用直接插入排序算法输出获得大赛前三名的老师姓名，编写的程序代码如下图所示。

```cpp
1   #include <iostream>
2   #include <string>
3   using namespace std;
4   struct Teacher{              // 声明结构体Teacher
5       string name;             // 定义成员变量name
6       int bof;                 // 定义成员变量bof
7   };
8   void insert_sort(Teacher ter[],int n)
9   {
10      for(int i=1;i<n;i++){            // 从下标为1开始排序
11          if(ter[i].bof>ter[i-1].bof){ // 如果后一个数比前一个数大
12              Teacher temp=ter[i];      // 把后一个数保存在变量temp中
13              int j=i-1;
14              for(;j>=0&&temp.bof>ter[j].bof;j--){
15                  ter[j+1]=ter[j];      // 把前一个数向后移1位
16              }
17              ter[j+1]=temp;            // 把temp变量的值保存在前一个数中
18          }
19      }
20  }
21  int main(){
22      Teacher ter[10]={            // 定义结构体数组变量ter并进行初始化
23      {"李萍老师",1200},{"王兵老师",1420},
24      {"唐莉莉老师",1056},{"刘刚老师",1720},
25      {"周明老师",1160},{"方小丽老师",1316},
26      {"张玲玲老师",1520},{"王萍萍老师",1270},
27      {"李小华老师",1470},{"张峰老师",1670}
28      };
29      insert_sort(ter,10);            // 调用inesrt_sort函数
30      cout<<"获得本次大赛前三名的老师是：";
31      for(int i=0;i<=2;i++)
32          cout<<ter[i].name<<" ";     // 输出获得大赛前三名老师的姓名
33      return 0;
34  }
```

测试程序　编译运行程序，在计算机屏幕上显示获得大赛前三名的老师姓名，程序运行结果如下图所示。

```
获得本次大赛前三名的老师是：刘刚老师 张峰老师 张玲玲老师
-------------------------------------------------
Process exited after 0.9789 seconds with return value 0
请按任意键继续. . .
```

答疑解惑　直接插入排序算法的关键点，是每次选择一个数插入前面已经排好的序列中。假设第1个数是有序的，第2个数如果比第1个数大，则把第2个数插入第1个数前面，所以程序中第10行的结构体数组下标要从1算起，即从结构体数组的第2个数算起，如果结构体数组下标从0算起，则会发生排序错误。

案例 93 谁能成为销售王

案例知识：快速排序

　　某家电商场月底将举办"销售之王"评选大赛，共有10位员工参加评比，商场将按照本月个人销售业绩从大到小排列，并为销售业绩第一名的员工授予"销售之王"的称号，给予一定的现金奖励。请你尝试编程，统计本月被授予"销售之王"称号的员工信息。

1. 案例分析

提出问题　要统计本月被授予"销售之王"称号的员工信息，需要思考如下问题。

 　　(1) 商场依据什么标准，授予员工"销售之王"的称号？

 　　(2) 若出现排名最前的两名员工销售业务相等，商场将如何评选？

思路分析　首先应设计一个结构体，结构体中包含员工姓名和员工销售业绩的信息；然后按照结构体中员工的销售业绩从大到小降序排序；最后输出获得本月销售业绩第一名的员工信息。

2. 案例准备

快速排序　快速排序采用了分治算法，首先定义基准数，将比基准数大的(小于或等于)数据放到它的左边，将小于或等于(大的)基准数的数据放到它的右边，通过一次排序将数据分割成独立的两个部分，再对这两部分的数据分别进行快速排序，以此类推，直到将整个数据变成有序序列为止。以数组{71、42、31、22、37}从小到大排序为例，排序过程如下图所示。

原始数据

序号	1	2	3	4	5
数据	21	36	19	52	15

第一次排序结果（基准数：21，将比21小的数放在21的左边，比21大的数放在21的右边）

序号	1	2	3	4	5
数据	15	19	21	52	36

第二次排序结果（以21为界线，对21左边的数进行排序，基准数：15）

序号	1	2	3	4	5
数据	15	19	21	52	36

第三次排序结果（以21为界线，对21右边的数进行排序，基准数：52）

序号	1	2	3	4	5
数据	15	19	21	36	52

算法设计　根据上面的思考与分析，完成算法流程图的设计。

声明结构体：首先将结构体命名为Sales；然后在结构体中定义两个成员变量name和result，分别表示员工的姓名和销售业绩。

结构体名	Sales
成员变量1	name
成员变量2	result

主函数流程图：编写主函数程序时，首先定义结构体数组变量sal，并将其初始化，存储每位员工的姓名和本月销售业绩；然后将数组变量首地址和排序范围作为参数传入快速排序函数中进行调用；最后输出获得"销售之王"称号的员工姓名。

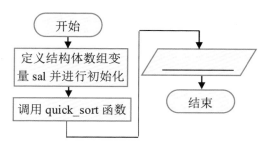

快速排序函数流程图：在函数中，首先根据排序范围设置基准数key；然后设置循环条件，在循环体中先从左向右查找比基准数大的数，再从右向左查找比基准数小的数，并将比基准数大的数放在基准数的左边，把比基准数小的数放在基准数的右边；最后设置边界条件，如果不满足边界条件，继续递归调用函数自身，如果满足边界条件，则逐层返回。

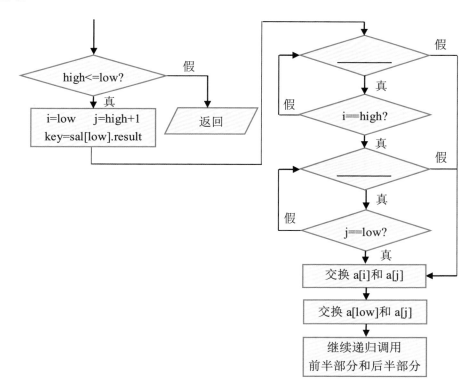

3. 案例实施

编写程序 根据算法流程图，用快速排序算法输出获得"销售之王"称号的员工信息，编写的程序代码如下图所示。

```
1  #include <iostream>
2  #include <string>
3  using namespace std;
4  struct Sales{                              // 定义结构体Sales
5      string name;                           // 定义成员变量name
6      int result;                            // 定义成员变量result
7  };
8  void quick_sort(Sales sal[],int low,int high)
9  {
10     if(high<=low)return;                    // 递归函数结束条件
11     int i=low;
12     int j=high+1;
13     int key=sal[low].result;                // 定义基准数
14     while(true){
15         while(sal[++i].result>key)          //从左向右找比key大的数
16             if(i==high)break;
17         while(sal[--j].result<key)          //从右向左找比key小的数
18             if(j==low)break;
19         if(i>=j)break;                      // 满足条件则交换
20         Sales temp=sal[i];
21         sal[i]=sal[j];
22         sal[j]=temp;
23     }
24     Sales temp=sal[low];
25     sal[low]=sal[j];
26     sal[j]=temp;
27     quick_sort(sal,low,j-1);                // 递归调用前半部分
28     quick_sort(sal,j+1,high);               // 递归调用后半部分
29 }
30 int main(){
31     Sales sal[10]={                         // 定义结构体数组变量sal并进行初始化
32     {"周萍",326},{"王小龙",461},{"张莉莉",311},
33     {"刘明",532},{"周婷婷",560},{"方小华",412},
34     {"唐小玲",470},{"王兵",610},{"李玲",291},
35     {"张峰",456}};
36     quick_sort(sal,0,9);                    // 调用qucik_sort函数
37     cout<<"获得本月销售之王称号的是：";
38     cout<<sal[0].name<<" ";                 // 输出获得"销售之王"称号的员工姓名
39     return 0;
40 }
```

测试程序 编译运行程序，在计算机屏幕上显示获得"销售之王"称号的员工姓名，程序运行结果如下图所示。

```
获得本月销售之王称号的是：王兵
--------------------------------
Process exited after 0.05999 seconds with return value 0
请按任意键继续. . .
```

答疑解惑　程序中第10行是递归函数结束条件，如果在递归函数调用时没有定义递归函数的结束条件，那么程序将会无限递归调用下去，其结果必然会造成内存溢出，发生错误。

<table>
<tr><td>**案例**
94</td><td>**班级投票选班长**
案例知识：桶排序</td><td></td></tr>
</table>

下午班会课，701班举办了一场班长竞选活动，共有5位学生报名参加。竞选人的编号依次为1、2、3、4、5，班级其他同学给5位竞选人投票。请你尝试编程，统计每位竞选人获得的票数，并呈现竞选结果。

1. 案例分析

提出问题　要统计每位竞选人的得票数，并展示竞选结果，请思考如下问题。

　(1) 如何处理得票数为0的竞选人？

　(2) 如何按顺序取出每位竞选人的票数？

思路分析　根据题意，已知有5位竞选人，假设有10张写有竞选人编号的选票，现要将选票投到对应竞选人的桶内，统计每位竞选人的得票数，并在计算机屏幕上显示竞选结果。

2. 案例准备

桶排序　桶排序的基本原理是将数组中的数值分到有限数量的桶内，再对分到桶内的数值进行个别排序，桶的下标代表了给出数组的数值，桶的值代表数值出现的次数。以下图为例，将6张选票放入对应3位竞选人的桶中。

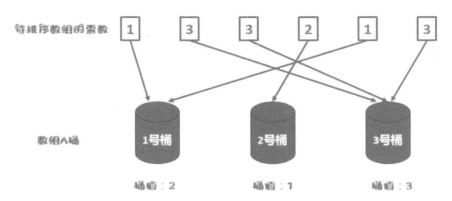

算法设计　根据上面的思考与分析，完成算法流程图的设计。

主函数流程图：编写主函数程序时，首先定义了数组变量toup、n、max，以及jshu，分别表示班级其他同学的投票情况、数组大小、得票最多的候选人票数，以及每位候选人的得票数；再创建一个大小为票数最大值的新数组hxuan；然后将这些变量作为参数传入桶排序函数中进行调用；最后输出班长竞选结果。

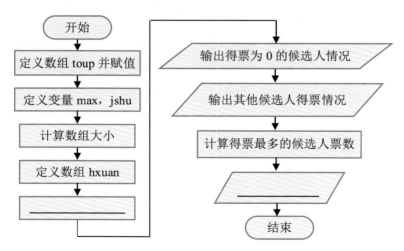

桶排序函数流程图：在桶排序函数中，首先将新数组hxuan里面的值初始化为0；然后将原数组toup的值对应新数组hxuan的下标，并将新数组hxuan的值加1，得到每位候选人的得票数；最后将选票的结果赋值给原数组toup。

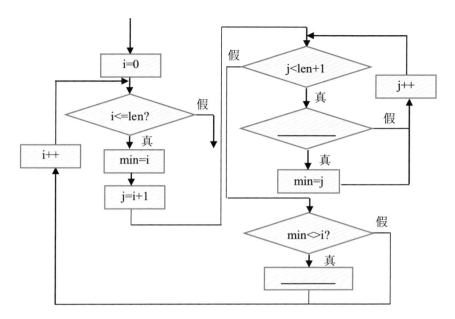

3. 案例实施 💣

　　编写程序　根据算法流程图，用桶排序算法统计竞选人的得票数，并输出竞选结果，编写的程序代码如下图所示。

```cpp
1   #include <iostream>
2   using namespace std;
3   void bucket_sort(int toup[],int jshu,int n,int hxuan[])
4   {
5       for(int i=0;i<jshu+1;i++)hxuan[i]=0;      // 数组中的值初始化
6       for(int i=0;i<n;i++)hxuan[toup[i]]+=1;    // 对应桶中的值加1
7       int index=0;
8       for(int i=1;i<jshu+1;i++)                 // 赋值到原数组
9           for(int j=0;j<hxuan[i];j++)
10              toup[index++]=i;
11  }
12  int main(){
13      int toup[]={1,3,5,2,1,1,2,3,3,1};         // 定义数组变量toup
14      int max=0;
15      int jshu=5;
```

```
16    int n=sizeof(toup)/sizeof(int);          // 定义新数组，加1避免出界
17    int hxuan[jshu+1];
18    bucket_sort(toup,jshu,n,hxuan);          // 调用函数bucket_sort
19    for(int i=1;i<jshu+1;i++)                 // 输出得票为0候选人的情况
20        if(hxuan[i]==0)
21            cout<<i<<"号为：0票"<<endl;
22    cout<<"其余候选人的得票情况为：";
23    for(int i=0;i<n;i++)
24        cout<<toup[i]<<" ";                    // 输出其他候选人得票情况
25    for(int i=1;i<jshu+1;i++)                  // 计算得票最多的候选人的票数
26        if(hxuan[i]>max)max=hxuan[i];
27    cout<<endl;
28    for(int i=1;i<jshu+1;i++)                  // 输出竞选结果
29        if(hxuan[i]==max)
30            cout<<"班长是"<<i<<"号候选人";
31    return 0;
32 }
```

测试程序　编译运行程序，在计算机屏幕上，显示班长竞选的结果，程序运行结果如下图所示。

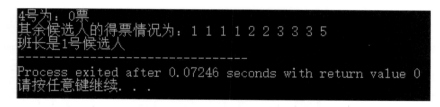

```
4号为：0票
其余候选人的得票情况为：1 1 1 1 2 2 3 3 3 5
班长是1号候选人
--------------------------------
Process exited after 0.07246 seconds with return value 0
请按任意键继续. . .
```

答疑解惑　程序中第7行，在将数据赋值到原来数组的时候，需要定义一个变量index，用其记录当前操作的下标位置，否则会产生数据赋值不完全或数据赋值失效的错误。

案例 95 解决四皇后问题

案例知识：深度优先搜索

一天，刘小豆问了爸爸一个"四皇后"的问题：在4×4的国际象棋棋盘中摆放4个皇后，要求4个皇后之间不能互相攻击，即任意2个皇后都不能处于同一行、同一列，也不在同一条45度的斜线上，那么这4个皇后应如何摆放在棋盘上呢？请尝试编程，帮助刘小豆爸爸解决此问题。

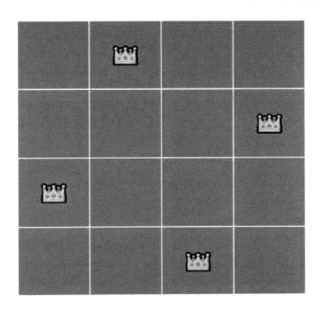

1. 案例分析

提出问题　要用编程的方法去摆放"四皇后"，需要思考的问题如下。

> (1) 如何确定棋盘上第一个皇后的摆放位置？
>
> (2) 如果摆放第4个皇后时，发现摆放错误，如何解决？

思路分析　假设在4×4棋盘的第一行第一列的位置放置第1个皇后，那么第2个皇后就不能放置在第一行、第一列及左右斜线上。继续在棋盘上放置其他皇后，如果发现在棋盘上无法再放置皇后，则回溯到上一步，重新放置皇后，如果发现仍然无法在棋盘上放置皇后，则继续回溯，重新摆放。以此类推，直到棋盘上摆放的所有皇后互不攻击，输出皇后在棋盘上的摆放位置。

2. 案例准备

深度优先搜索　深度优先搜索(DFS)用于解决连通性问题，即给定一个起点和一个终点，判断是否有一条路径能从起点连接到终点，其算法上的思想是从起点出发，选择一个方向不断向前，直到无法继续为止，然后回溯到上一步，继续尝试，不断向前搜索，直到最后搜索完所有节点，走到终点。

方向数组　方向数组常应用于搜索算法中，在C++语言中用二维数组来表示。如下图所示，(x, y)这个点有8个方向的坐标，将其赋值给一个定义好的二维数组，这个二维数组就是方向数组。例如，int d[][2]={{0,-1},{-1,-1},{-1,0},{-1,1},{0,1},{1,1},{1,0},{1,-1}}，定义的二维数组d[][2]就是一个方向数组。

(x-1,y-1)	(x-1,y+0)	(x-1,y+1)
(x+0,y-1)	(x,y)	(x+0,y+1)
(x+1,y-1)	(x+1,y+0)	(x+1,y+1)

算法设计　根据上面的思考与分析，算法流程如下。

主函数算法流程：主函数算法流程的主要步骤如下。

第一步：从棋盘上的第一行开始搜索，调用深度搜索函数。

第二步：输出四皇后在棋盘上的摆放方法，以及解决方法数量。

判断函数算法流程：判断函数算法流程的主要步骤如下。

第一步：从函数中传入行号和列号，在棋盘上该行和列中放入皇后，并循环搜索皇后所在位置延伸出来的8个方向，即上、下、左、右、斜线左上方、斜线左下方、斜线右上方、斜线右下方。

第二步：循环8个方向上的每一个方格。

第三步：如果8个方向上方格中有皇后，则皇后不能放在棋盘上。

第四步：如果8个方向上方格中没有皇后，则皇后能放在棋盘上。

深度搜索函数算法流程：深度搜索函数算法流程的主要步骤如下。

第一步：循环棋盘上每一行的方格。

第二步：如果该方格可以放置皇后，将该方格的行号和列号作为参数传入判断函数中进行调用，如果函数返回结果为真，则能在该方格中放入皇后，接着继续递归调用下一行的深度搜索函数，将原来的皇后从棋盘上移除。

第三步：如果搜索到棋盘的最后一行，将解决方法数量的值加1。

第四步：如果在棋盘每一行都放置了一个皇后，且所有皇后互不攻击，则输出皇后摆放的位置，即列号。

3. 案例实施

编写程序　根据算法流程，用深度优先搜索算法解决"四皇后"问题，编写的程序代码如下图所示。

```
1   #include <iostream>
2   using namespace std;
3   int num=0;                          // 定义变量num，并赋值为0
4   int hou[4][4]={};                   // 定义二维数组hou，并初始化为0
5   const int d[][2]={{0,-1},{-1,-1},{-1,0},{-1,1},\
6   {0,1},{1,1},{1,0},{1,-1}};          // 定义方向数组d，并初始化
7   bool put(int r,int c){
8       for(int k=0;k<8;k++){           // 循环棋盘上放置皇后的上、左等8个方向
9           for(int i=r,j=c;i>=0&&j>=0&&i<4&&j<4;\
10          i+=d[k][0],j+=d[k][1]){     // 循环方向上的每一个格子
11              if(hou[i][j]==1)        // 如果第i行第j列的格子有皇后
12                  return false;       // 第r行第c列的格子不能放皇后
13          }
14      }
15      return true;                    // 第r行第c列的格子可以放皇后
16  }
17  void dfs(int r){
18      if(r==4){                       // 如果当前行号是4
19          num++;                      // 变量num的值自加
20          cout<<"第"<<num<<"种摆放方法："; 
21          for(int i=0;i<4;i++){       // 循环棋盘上的行数
22              for(int j=0;j<4;j++){   // 循环棋盘上的列数
23                  if(hou[i][j]==1)    // 如果皇后放在第i行第j列的格子
24                      cout<<j+1<<" "; // 输出皇后在棋盘上的列号
25              }
26          }
27          cout<<endl;
28          return;                     // 返回
29      }
30      for(int i=0;i<4;i++){           // 从左到右循环每行的4个格子
31          if(put(r,i)){               // 调用判断函数，第r行第i列的格子是否能放皇后
32              hou[r][i]=1;            // 第r行第i列的格子放入皇后
33              dfs(r+1);               // 调用下一行
34              hou[r][i]=0;            // 第r行第i列的格子移除皇后
35          }
36      }
37  }
38  int main(){
39      dfs(0);                         // 调用深度搜索函数
40      cout<<"共有"<<num<<"种摆放方法"<<endl;  // 输出结果
41      return 0;
42  }
```

测试程序 编译运行程序，在计算机屏幕上显示"四皇后"在棋盘上的摆放方法，以及解决方法数量，程序运行结果如下图所示。

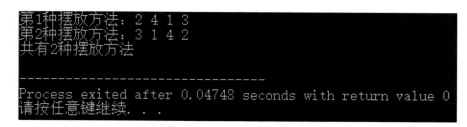

答疑解惑 在程序中，由于棋盘上的皇后延伸出来共有8个方向，即上、下、左、右、斜线左上方、斜线左下方、斜线右上方、斜线右下方，这些方向用程序第5行定义的二维数组来表示，当对其初始化时，要对数组的8个元素进行依次赋值，如果缺少一个元素的赋值，程序运行时会发生错误。

案例 96 药王岛求取仙药

案例知识：广度优先搜索

李小风的母亲病得很严重，村长建议他去一趟药王岛，向药王求取仙药救母亲。孝顺的李小风经过千难万险终于来到药王岛，药王告诉他仙药就放在岛上一座迷宫的出口处，迷宫由一个M×N的方格组成，有的格子有障碍物不能走，有的格子是空地可以走，李小风需要尽快找出从起点到出口的最短路程取得仙药。请你尝试编程，帮助李小风解决这个问题。

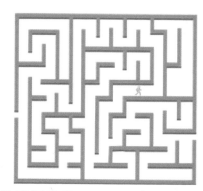

1. 案例分析

提出问题 要编程帮助李小风找到走出迷宫的最短路程，需要思考的问题如下。

 (1) 如何绘制迷宫，准备用什么字符来代表空地和障碍物？

 (2) 如果有多条路线可以走出迷宫，如何确定最短路线？

思路分析　绘制一张地图，地图方格中的"#"字符代表障碍物，表示人不能通过，"."字符代表空地，表示人可以走。李小风每走到一个方格中，向上、下、左、右4个方向开始搜索，如果发现某一方向的方格中有障碍物，即方格中有"#"字符，则不能往有障碍物的方格中行走，如发现某一方向的方格中没有障碍物，而是空地，即方格中有"."字符，则可以往该方格中行走。以此类推，直到李小风走到出口，记录从起点走到出口的最少步数，并将其显示在计算机屏幕上。

2. 案例准备

广度优先搜索　广度优先搜索(BFS)一般用来解决最短路径问题，与深度优先搜索不同的是，其算法是从起点出发，一层一层地进行，一层搜索完毕后，再搜索下一层的节点，直至最后搜索完所有节点，因此广度优先搜索不存在回溯问题。

栈和队列　数据结构中栈的主要特点是"先进后出"，即先进入栈的数据一定在后进入栈的数据后被取出；而队列的主要特点是"先进先出"，即先进入队列的数据一定在后进入队列的数据前被取出，如下图所示。深度优先搜索使用的数据结构是栈，而广度优先搜索使用的数据结构是队列。

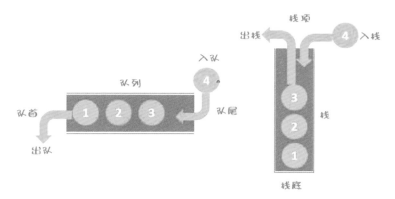

标准库模板　标准模板库，即STL，它是一种高效的C++程序库，其中包含算法、容器、函数和迭代器等组件。使用C++语言的用户可以重复调用STL的内容，通过调用STL的内容可以大大减少代码量。例如，queue是一个封装了动态(大小)数组的队列容器，能够存放各种类型的对象，举例如下。

```
#include <queue>              // 引入queue库
using namespace std;          // 使用命名空间
int main(){
    queue<int> obj;          // 声明使用queue
}
```

一旦声明了队列模板对象，对象就可以使用队列中的内置函数，其基本用法如下表所示。

名称	作用
push	在队列尾部添加一个数据，如obj.push(1)
pop	删除队列中队首的数据，如obj.pop()
front	取出队列中队首的数据，如obj.front()
empty	判断队列是否为空，如obj.empty()
back	取出队列中队尾的数据，如obj.back()
size	返回队列中数据的个数，如obj.size()

算法设计 根据上面的思考与分析，完成算法流程图的设计。

声明结构体：首先将结构体命名为Per；然后在结构体中定义3个成员变量r、c和step，分别表示迷宫的行号、列号，以及李小风走的步数。

结构体名	Per
成员变量1	r
成员变量2	c
成员变量2	step

主函数算法流程：主函数算法流程的主要步骤如下。

第一步：从键盘输入出口位置，并根据出口位置绘制迷宫地图。

第二步：调用广度搜索函数，并输出结果，即李小风从起点走到出口最少要走的步数。

广度搜索函数算法流程：广度搜索函数算法流程的主要步骤如下。

第一步：声明了队列模板对象，并用对象调用队列的内置函数push，设置起点位置。

第二步：循环判断队列是否为空，如果不为空，则取出队列中的队首数据，再将队首数据移除。

第三步：循环搜索李小风所在位置的上、下、左、右4个方向上是否有障碍物，如果发现某一方向上的方格中有障碍物，即方格中有"#"字符，则不能往该方格中行走，如果四周都没有障碍物，而是空地，即方格中有"."字符，则可以往此方格中行走，并将记录空地的数据添加至队列尾部。

第四步：如果李小风走到出口，则返回李小风走的最少步数；如果没有到达出口，则返回错误值−1。

3. 案例实施

编写程序 根据算法流程，用广度优先搜索算法解决最短路程问题，编写的程序代码如下图所示。

```
1   #include <iostream>
2   #include <queue>
3   using namespace std;
4   int s=0,e=0;                              // 定义变量s和e，并赋值为0
5   char map[50][50]={};                      // 定义二维数组变量map，并初始化为空
6   const int d[][2]={{-1,0},{0,-1},\
7   {1,0},{0,1}};                             // 定义方向数组，并初始化
8   struct Per{                               // 定义结构体
9       int r;                                // 定义变量r，即行号
10      int c;                                // 定义变量c，即列号
11      int step;                             // 定义变量step，即步数
12  };
13  int bfs(){
14      queue<Per> q;                         // 用队列的STL模板，声明变量q
15      q.push({1,1,1});                      // 设置起点位置
16      while(!q.empty()){                    // 循环队列不为空
17          Per cur=q.front();                // 定义结构体变量cur，并赋值队首
18          q.pop();                          // 将数据出队
19          for(int i=0;i<4;i++){             // 循环方格上、左等4个方向上的数据
20              Per next={cur.r+d[i][0],\
21              cur.c+d[i][1],cur.step+1};     // 保存4个方向上的数据
22              if(next.r==s&&next.c==e)        // 如果到达出口
23                  return next.step;           // 返回最少步数
24              if(map[next.r][next.c]=='.')    // 如果没遇到障碍物
25                  q.push(next);               // 将数据入队
26          }
27      }
28      return -1;                            // 如果没有到达出口，返回-1
29  }
30  int main(){
31      cout<<"请输入出口的位置：";
32      cin>>s>>e;                            // 输入迷宫的行数和列数，即出口位置
33      cout<<"请绘制迷宫地图："<<endl;
34      for(int i=1;i<=s;i++)
35          for(int j=1;j<=e;j++)
36              cin>>map[i][j];               // 绘制迷宫
37      cout<<"李小凤从起点到出口最少需要走";
38      cout<<bfs()<<"步"<<endl;              // 调用广度搜索函数，并输出结果
39      return 0;
40  }
```

测试程序　编译运行程序，输入迷宫出口的位置，并绘制迷宫地图，程序运行结果如下图所示。

答疑解惑　在程序中使用了队列的STL模板，必须在文件头加上#include <queue>语句，并加上using namespace std语句。如果程序中没有包含这些语句，对象在调用队列中的内置函数时，程序编译会发生错误。

第 9 章

百炼成钢——综合实例

当你在玩游戏的过程中遇到困难时、当你在解答数学题的过程中遇到烦琐的计算而陷入困局时、当你在现实生活中遇到一些难题无法解决时，你是否想过借助编程来解决问题呢？

本章我们选择了生活中常见的、趣味性较强的案例，利用前面所学的知识，帮助大家掌握解决综合性问题的方法，体验 C++ 编程带来的乐趣。

学习内容

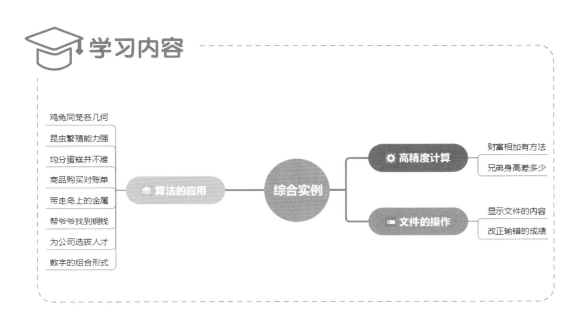

- 鸡兔同笼各几何
- 昆虫繁殖能力强
- 均分蛋糕并不难
- 商品购买对账单
- 带走岛上的金属
- 帮爷爷找到铜钱
- 为公司选拔人才
- 数字的组合形式

算法的应用 → 综合实例

高精度计算
- 财富相加有方法
- 兄弟身高差多少

文件的操作
- 显示文件的内容
- 改正输错的成绩

鸡兔同笼各几何

案例知识：应用穷举算法解决问题

《孙子算经》中记载过这样一个问题：今有雉兔同笼，上有三十五头，下有九十四足，问雉兔各几何？大概意思是，有若干只鸡兔同在一个笼子里，从上面数，有35个头；从下面数，有94只脚，问笼中鸡和兔各有多少只？这就是著名的"鸡兔同笼"问题，请你编写一个程序去解决它。

1. 案例分析

提出问题　要计算鸡和兔的数量，需要先思考如下问题。

> (1) 要解决"鸡兔同笼"问题，需要设置几个"未知数"？
>
> (2) 请你列出解决"鸡兔同笼"问题的数学方程式？

思路分析　先用变量x去接收从键盘上输入的鸡头和兔头的数量，用变量y去接收从键盘上输入的鸡脚和兔脚的数量。将鸡的数量设为变量ji，让变量ji在一定范围内进行穷举，在循环中将兔子的数量设为变量tz。根据题意，列出方程ji+tz=x和ji*2+tz*4=y，将其设置为判断条件，如果条件满足，则输出笼中鸡和兔子的数量，从而解决"鸡兔同笼"问题。

2. 案例准备

穷举算法解决问题的思路　在本案例中，可以用穷举算法解决问题，首先给出穷举范围，即从键盘上接收的鸡脚和兔脚的数量，再让鸡的数量在其范围内一一尝试，直到满足设置的条件为止，输出笼中的鸡和兔子的数量。根据穷举算法的思路，第一步是要确定穷举对象、穷举范围及判断条件，再编写程序进行穷举。请在下图中填写你的答案。

1 **穷举对象**：鸡和兔子的数量，假设各有x和y只

2 **穷举范围**：

3 **判断条件**：

算法设计　根据上面的思考与分析，完成算法流程图的设计。

主函数程序流程图：编写主函数程序时，需要设置4个变量x、y、ji及tz，分别表示鸡头和兔头的数量、鸡脚和兔脚的数量、鸡的数量和兔子的数量，然后将这些变量作为参数传入穷举函数中进行调用。

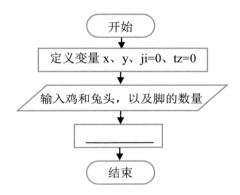

穷举函数程序流程图：在穷举函数中先设置循环条件，即鸡的数量≤鸡头和兔头的数量，再在循环体中设置分支条件，即鸡的数量×2+兔子的数量×4=鸡脚和兔脚的数量时，分别输出鸡的数量和兔子的数量。

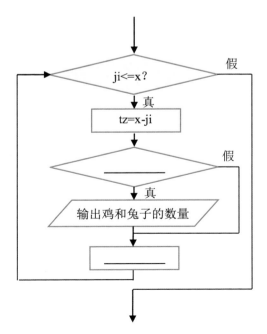

3. 案例实施 🛠

　　编写程序　根据算法流程图，用穷举算法求解"鸡兔同笼"问题，编写的程序代码如下图所示。

```cpp
1   #include <iostream>
2   using namespace std;
3   void count(int x,int y,int ji,int tz){
4       while(ji<=x){                        // 当变量ji<=x，进入循环
5           tz=x-ji;                         // 计算兔子的数量
6           if(ji*2+tz*4==y){                // 设置判断条件
7               cout<<"鸡有"<<ji<<"只，";      // 输出执行结果
8               cout<<"兔子有"<<tz<<"只";
9           }
10          ji+=1;                           // 当变量ji自加1
11      }
12  }
13  int main(){
14      int x,y,ji=0,tz=0;                   // 定义变量x、y、ji、tz
15      cout<<"请输入鸡和兔头的数量：";
16      cin>>x;                              // 输入鸡和兔头的数量
17      cout<<"请输入鸡和兔脚的数量：";
18      cin>>y;                              // 输入鸡和兔脚的数量
19      count(x,y,ji,tz);                    // 调用穷举函数count，输出结果
20      return 0;
21  }
```

　　测试程序　编译运行程序，先输入鸡头和兔头的数量，再输入鸡脚和兔脚的数量，程序运行结果如下图所示。

```
请输入鸡和兔头的数量：8
请输入鸡和兔脚的数量：28
鸡有2只，兔子有6只
--------------------------------
Process exited after 26.44 seconds with return value 0
请按任意键继续. . .
```

　　答疑解惑　程序中当穷举鸡的数量时，要注意兔子的数量是鸡头与兔头的数量减去鸡的数量，接着根据鸡与兔的数量来判断鸡脚与兔脚的数量，鸡是2只脚、兔子是4只脚。如果这些基本的现实逻辑关系弄不清楚，会使程序计算发生错误。

昆虫繁殖能力强

案例知识：函数定义的理解

科学家在热带森林中发现了一种繁殖能力很强的昆虫，其每只成虫经过x个月产y对卵，每一对卵经过2个月长成一只成虫。假设第一个月只有一只成虫，且卵长成成虫后的第一个月不产卵(过x个月产卵)，那么经过z个月后，共有多少只成虫呢？请你尝试编程，解决这个问题。

1. 案例分析

提出问题　要计算成虫的数量，需要先思考如下问题。

> (1) 第三个月的成虫数量有多少只？
>
> (2) 第z个月的卵和成虫的数量由谁决定？

思路分析　依据题意，每只虫从卵长成成虫需要2个月，假设每只成虫经过1个月产2对卵，即x=1、y=2，那么第1个月的成虫数量和产卵数量分别为1和0，以此类推，第i个月的成虫数量应该由i-1个月的成虫数量和i-2个月的产卵数量决定，如下图所示。例如，第3个月的成虫数量=第2个月的成虫数量+第1个月的产卵数量，而第3个月的产卵数量=第2个月的成虫数量×2。

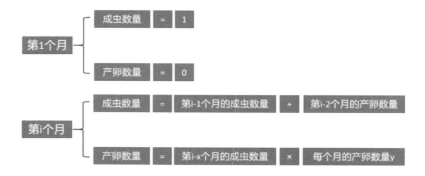

2. 案例准备

递推算法解决问题的思路　本案例可以使用递推算法解决问题，即逐步推算出问题的解，每一次推导的结果可以作为下一次推导的开始。假设每只成虫经过1个月产2对卵，则第1个月的成虫数量和新产卵数量分别为1和0，那么5个月后会是什么情况呢？以此类推，请在下图中填写答案。

第几个月	1	2	3	4	5
成虫数量	1	____	____	____	____
产卵数量	0	____	____	____	____

算法设计　根据上面的思考与分析，完成如下图所示的算法流程图设计。

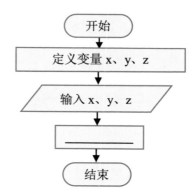

主函数程序流程图：编写主函数程序时，首先输入要计算的变量x、y和z的值，然后将这些变量作为参数传到递推函数中进行调用。

递推函数程序流程图：编写主函数程序时首先定义数组变量a和b，分别保存每个月的成虫数量和产卵数量，接着设置经过x个月的成虫和产卵数量的初始值，再递推计算出第i个月的成虫数量和产卵数量，最后在计算机屏幕上输出z个月后的成虫数量。

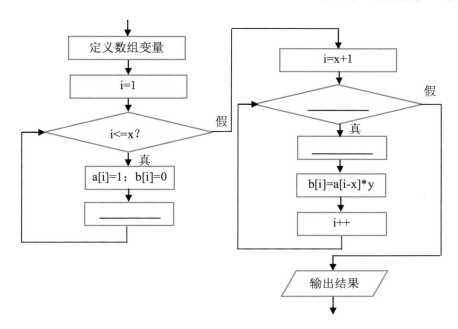

3. 案例实施

编写程序　根据算法流程图，用递推算法计算成虫数量，编写的程序代码如下图所示。

```cpp
1  #include <iostream>
2  using namespace std;
3  void qshu(int x,int y,int z){
4      int a[100]={0},b[100]={0};    // 初始化数组变量a和b
5      for(int i=1;i<=x;i++){
6          a[i]=1;                    // 经过x个月成虫的数量
7          b[i]=0;                    // 经过x个月产卵的数量
8      }
9      for(int i=x+1;i<=z+1;i++){
10         a[i]=a[i-1]+b[i-2];        // 第i个月成虫的数量
11         b[i]=a[i-x]*y;             // 第i个月产卵的数量
12     }
13     cout<<"过了"<<z<<"个月后，共有成虫";
14     cout<<a[z+1]<<"对";            // 输出成虫对数
15 }
16
17 int main(){
18     int x,y,z;                     // 定义变量x、y、z
19     cin>>x>>y>>z;                  // 从键盘输入x、y、z
20     qshu(x,y,z);                   // 调用函数qshu
21     return 0;
22 }
```

测试程序　编译运行程序，从键盘中输入变量x、y及z的值，程序运行结果如下图所示。

```
1 2 15
过了15个月后，共有成虫1511对
-------------------------------
Process exited after 2.811 seconds with return value 0
请按任意键继续. . .
```

答疑解惑　程序中第5~8行表示在x月内，成虫都只有1只，还没有开始产卵，故第9行的for循环是从x+1开始的。另外，要注意求的是第z个月后的成虫数量，所以for循环的终值是z+1。

案例 99　均分蛋糕并不难

案例知识：应用递归算法解决问题

某商场为庆祝开业一周年，特地在蛋糕店定制了一块长方形的蛋糕，打算在店庆当天切成若干个面积相等的正方形蛋糕，分给来商场的顾客。若要使正方形蛋糕的面积尽可能大，能分成多少块，正方形蛋糕的最大边长又是多少呢？请你尝试编程解决此问题。

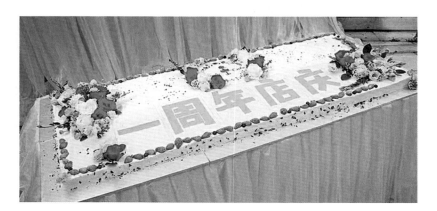

1. 案例分析

提出问题　要完成这个分蛋糕的任务，需要先思考如下问题。

(1) 如何计算正方形蛋糕的个数？

(2) 按照哪些条件切割长方形蛋糕，能使正方形蛋糕的边长最大？

思路分析　依据题意，一个长方形蛋糕，要分割成面积相等的小正方形蛋糕，并使分得的正方形蛋糕面积最大，需要求出长方形蛋糕的长度和宽度这两个数的最大公约数，并将求得的最大公约数作为正方形蛋糕的边长，这样求得的正方形蛋糕的面积即为最大。

2. 案例准备

递归算法解决问题的思路　本案例是将一个长方形分割成面积相等的正方形，并且要求分割出的正方形面积最大。面积最大就是边长最大，而边长是长方形长度和宽度两个数的最大公约数，可以用递归算法解决问题。设置计算最大公约数的递归函数，在递归函数中设置边界条件，如果没有满足条件就继续递归调用函数自身，如果满足条件则逐层返回，输出最大公约数。

算法设计　根据上面的思考与分析，完成算法流程图的设计。

主函数程序流程图：编写主函数程序时需要5个变量c、k、s、m和n，分别表示长方形蛋糕的长度、宽度、面积、正方形蛋糕的边长和个数；然后将变量c和k作为参数传到递归函数中进行调用，返回函数调用结果，即正方形蛋糕的边长；最后根据边长计算正方形蛋糕的面积和个数，并将其显示在计算机屏幕上。

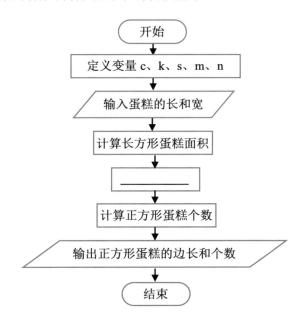

递归函数程序流程图：在递归函数中设置判断边界，如果不满足边界条件，继续递归调用函数自身，如果满足边界条件，则逐层返回。

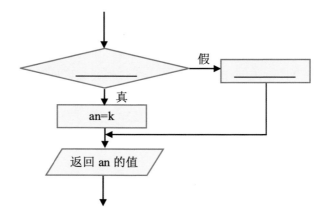

3. 案例实施

编写程序　根据算法流程图，用递归算法解决"均分蛋糕"的问题，编写的程序代码如下图所示。

```
1  #include <iostream>
2  using namespace std;
3  int  fdg(int c,int k){
4      if(c%k==0)                    // 如果到达递归边界
5          return k;                 // 返回结果
6      else
7          fdg(k,c%k);               // 否则，继续递归
8  }
9  int main(){
10     int c,k,s,m,n;
11     cout<<"请输入蛋糕的长和宽（单位：厘米 ）: ";
12     cin>>c>>k;                     // 输入长方形蛋糕的长度和宽度
13     s=c*k;                         // 计算长方形蛋糕的面积
14     m=fdg(c,k);                    // 调用递归函数fdg
15     n=s/(m*m);                     // 计算正方形蛋糕的个数
16     cout<<"正方形蛋糕的边长最大是";
17     cout<<m<<"厘米，";              // 输出结果
18     cout<<"能分成"<<n<<"块";
19     return 0;
20 }
```

测试程序　编译运行程序，输入蛋糕的长度和宽度，其运行结果如下图所示。

答疑解惑　在程序中调用递归函数时，要注意该函数既有参数，也有返回值。另外，程序代码第4行是递归函数的终止条件，如果没有这行代码，程序会永远递归调用下去。

案例 100
商品购买对账单
案例知识： 应用解析算法解决问题

一天，刘小豆到方舟超市购物，该超市正在开展促销活动，若购买超市内指定的商品10件及以上，则商品总价享9折优惠。刘小豆购买了一些促销商品，结账时需要核对账单，看看物款是否相符。请编写一个程序，只要输入商品的编号及数量，就可以自动计算付款金额。

1. 案例分析

提出问题　要计算付款金额，需要思考的问题如下。

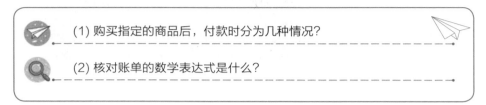

(1) 购买指定的商品后，付款时分为几种情况？

(2) 核对账单的数学表达式是什么？

思路分析　根据题意已知，结账时需要核对账单，当购买指定的商品后，付款时分为两种情况：一是购买规定的商品数量少于10件，该商品支付金额=数量×商品单价；二是购买规定的商品数量在10件及以上，该商品支付金额=数量×商品单价×0.9。

2. 案例准备

解析算法解决问题的思路　本案例可以用解析算法解决问题，其核心是根据问题的前提条件与所求结果之间的关系，找出求解问题的数学表达式，并通过表达式的计算来实现问题的求解。假设将商品的单价设为变量p，商品的数量设为变量n，商品的支付金额设为变量s，请你根据前提条件和结果，在表格中填写出它们的数学表达式。

前提条件	数学表达式	结果
n<10	_____	付款金额
n≥10	_____	(s的值)

算法设计　根据上面的思考与分析，完成算法流程图的设计。

声明结构体：在结构体中定义3个成员变量num、name和p，分别表示商品编号、商品名称和商品单价。

结构体名	Goods
成员变量1	num
成员变量2	name
成员变量3	p

主函数程序流程图：编写主函数程序时，需要4个变量r、n、f及s，分别表示购买商品的编号、单价、购买商品类型的数量及付款金额；然后定义结构体数组变量sal，用来存储商品的编号、名称和单价，并且将这些变量作为参数传入解析函数中进行调用；最后输出付款金额。

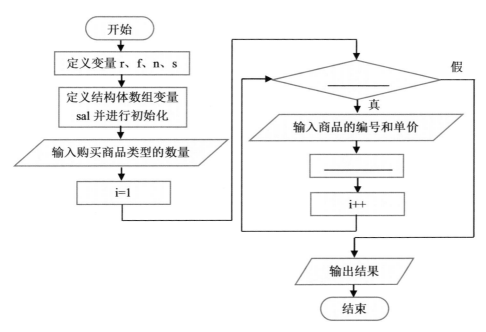

解析函数程序流程图：编写解析函数时，根据输入的商品编号设置判定条件，如果购买的商品数量少于10件，则按照原来的商品单价和数量计算付款金额，如果购买的商品数量在10件及以上，则按照商品总价的9折计算付款金额，最后将商品的支付金额返回。

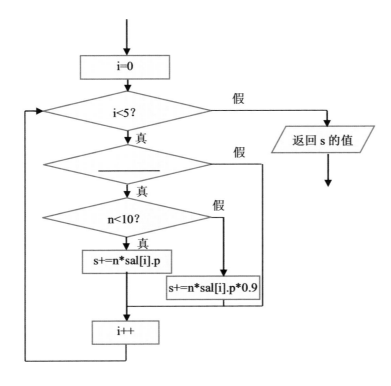

3. 案例实施

编写程序　根据算法流程图，用解析算法自动计算付款金额，编写的程序代码如下图所示。

```cpp
1   #include <iostream>
2   #include <string>
3   using namespace std;
4   struct Goods{                                    // 定义结构体
5       string num;                                  // 定义成员变量num，代表商品编号
6       string name;                                 // 定义成员变量name，代表商品名称
7       float p;                                     // 定义成员变量p，代表商品单价
8   };
9   float check(Goods sal[],string r,int n,float s){
10      for(int i=0;i<5;i++){                        // 循环5次
11          if(r==sal[i].num){                       // 如果输入的是商品编号
12              if(n<10)s+=n*sal[i].p;
13                  else s+=n*sal[i].p*0.9;
14          }          // 若商品数量少于10件，则支付金额=商品数量×商品单价，若商品
15      }                 数量大于或等于10件，则支付金额=商品数量×商品单价×0.9
16      return s;                                    // 返回变量s的值
17  }
18  int main(){
19      string r;                                    // 定义字符串变量r
20      int f,n;
21      float s;
22      Goods sal[5]={{"01","酸奶",5.5},             // 初始化结构体数组变量sal
23      {"02","洗衣份",7.9},{"03","鸡蛋",10.3},
24      {"04","可乐",4.1},{"05","麻油",10.7}};
25      cout<<"请输入购买的商品类型的数量：";
26      cin>>f;                                      // 输入购买的商品类型的数量
27      for(int i=1;i<=f;i++){
28          cout<<"请输入购买的商品的编号和单价：";
29          cin>>r>>n;                               // 输入购买的商品的编号和单价
30          s=check(sal,r,n,s);                      // 调用check函数，变量s接收返回值
31      }
32      cout<<"总共应支付"<<s<<"元";                  // 输出结果
33      return 0;
34  }
```

测试程序　编译运行程序，从键盘上输入商品类型的数量、编号和单价，程序运行结果如下图所示。

```
请输入购买的商品类型的数量：2
请输入购买的商品的编号和单价：01 6
请输入购买的商品的编号和单价：05 13
总共应支付158.19元
_____
Process exited after 15.34 seconds with return value 0
请按任意键继续. . .
```

答疑解惑　程序中第10~15行是使用解析算法来解决问题，因为在主程序中商品的类型有5类，所以在for循环中，将变量i的初始值设置为0，循环条件设置为i<5，循环体代码会执行5次，将所有的商品类型计算一次。如果将变量i的初始值设置为1，则循环体代码会执行4次，导致最后的计算结果发生错误。

案例
101　**带走岛上的金属**
案例知识：应用贪心算法解决问题

东海有座金银岛，岛上有许多珍贵的金属，让很多人趋之若鹜。罗宾逊千辛万苦终于到达了金银岛，也发现了这些金属，但是现在他只剩下一个口袋，口袋至多能装重量为w的物品。岛上的金属有s个种类，每种金属重量不同，分别为n1，n2……同时，每个种类的金属价值也不同，分别为v1，v2……罗宾逊想一次带走价值尽可能高的金属，那么他该怎么办呢？请你尝试编程帮助他解决此问题。

 1. 案例分析

提出问题　要让罗宾逊带走价值尽可能高的金属，需要思考如下问题。

> （1）罗宾逊依据哪些标准带走价值高的金属？
>
> （2）你能找到金属的价值和重量之间的关系吗？

思路分析　先要找到罗宾逊选择金属的依据有哪些，大家可能会想到的依据有两种：一种是依据价值，要带走价值尽可能高的金属，可以选择价值高的金属；另一种是依据重量，要带走价值尽可能高的金属，可以选择重量轻的金属。其实，还有一种衡量标准，就是在价值和重量之间找一个关系，即用价值÷重量的比值作为选择金属的依据，即可满足案例要求。

2. 案例准备 📐

贪心算法解决问题的思路　本案例可以使用贪心算法解决问题，它的核心是对某一个问题进行求解时，可以通过局部最优化选择来达到全局最优解。在本案例中，分两种情况：一种情况是，如果口袋刚好能全部装下所有金属，则贪心原则是按照金属的价值从高到低往口袋里装；另一种情况是，如果口袋不能装下所有金属，要尽可能多地带走金属，则贪心原则是将金属的单位重量价值作为选择金属的依据。

算法设计　根据上面的思考与分析，完成算法流程图的设计。

声明结构体：在结构体中定义3个成员变量w、p和r，分别表示金属的重量、价值和金属的单位重量价值，接着定义结构体数组变量val。

结构体名	Metal
成员变量1	w
成员变量2	p
成员变量2	r
结构体数组变量名	val

主函数程序流程图：编写主函数程序时，首先输入口袋可以携带的金属重量和金银岛上的金属种类，接着根据金属种类设置循环程序，在循环体中输入金银岛上每种金属的重量和价值，并计算每种金属的单位重量价值，然后调用排序函数和贪心函数，输出选择带走的金属的价值。

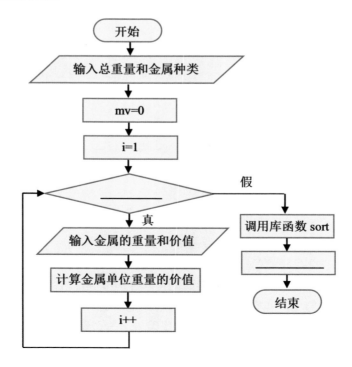

排序函数程序流程图：在排序函数中，自定义排序规则。

贪心函数程序流程图：在贪心函数中设置判定条件，如果口袋刚好能装下所有金属，则是将金属的价值作为选择金属的依据；如果口袋不能装下所有金属，则是将金属的单位重量价值作为选择金属的依据。

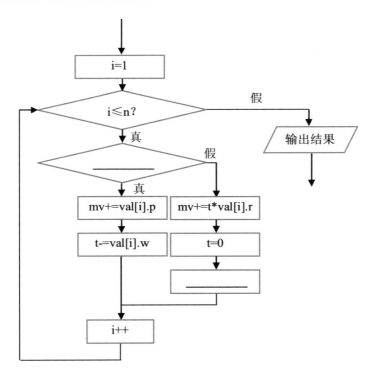

3. 案例实施

编写程序　根据算法流程图，用贪心算法求解携带金属问题，编写的程序代码如下图所示。

```cpp
1  #include <iostream>
2  #include <cstdio>
3  #include <algorithm>              // 引入库algorithm
4  using namespace std;
5  int t,n;
6  struct Metal{                     // 声明结构体Metal
7      double w,p,r;                 // 定义成员变量w、p、r
8  }val[101];                        // 定义结构体数组变量val
9  bool cmp(Metal &s1,Metal &s2){
10     return s1.r>s2.r;             // 重写sort库函数，定义排序规则
11 }
12 void take(double mv){
13     for(int i=1;i<=n;i++){
14         if(t>=val[i].w){          // 如果口袋全部能装下
15             mv+=val[i].p;         // 计算金属的价值
16             t-=val[i].w;          // 计算口袋还能装下多少重量的金属
17         }
18         else{                     // 否则尽可能多地装入口袋
19             mv+=t*val[i].r;       // 按单位金属的价值大小装入口袋
20             t=0;                  // 口袋已经装满
21             break;                // 退出循环
22         }
23     }
24     cout<<"罗宾逊最多能带走价值为";
25     printf("%.2lf的金属",mv);      // 输出结果
26 }
27 int main(){
28     cout<<"请输入总重量和金属种类：";
29     cin>>t>>n;                    // 输入口袋可以携带的金属重量和种类
30     double mv=0;
31     cout<<"请输入金属的重量和价值：";
32     for(int i=1;i<=n;i++){
33         cin>>val[i].w>>val[i].p;  // 输入金属的重量和价值
34         val[i].r=val[i].p/val[i].w;  // 计算金属单位重量的价值
35     }
36     sort(val+1,val+n+1,cmp);      // 调用库函数sort
37     take(mv);                     // 调用take函数
38     return 0;
39 }
```

测试程序　编译运行程序，首先输入口袋可以携带的金属重量和金银岛上的金属种类，再输入金银岛上的每种金属的重量和价值，程序运行结果如下图所示。

```
请输入总重量和金属种类: 50 4
请输入金属的重量和价值: 10 100 50 30 7 34 87 100
罗宾逊最多能带走价值为171.93的金属
--------------------------------
Process exited after 25.61 seconds with return value 0
请按任意键继续. . .
```

答疑解惑　程序中第36行调用sort函数排序时要特别注意，因为sort函数是 algorithm 库里的一个排序函数，使用前必须在程序开头加上#include <algorithm>语句，否则程序编译时会发生错误。

案例 102　帮爷爷找到铜钱
案例知识： 应用分治算法解决问题

十年前，爷爷在一本书中藏了一枚铜钱，现在爷爷想找到它，但是十年来，家里人买了很多书，共有500本，爷爷也不知道把这枚铜钱藏到哪本书里了。刘小豆为了帮爷爷找到这枚铜钱，从朋友那里借来了一个金属探测仪辅助查找，那么刘小豆用什么方法能从书中快速找到铜钱呢？试编程模拟铜钱查找的过程。

1. 案例分析

提出问题　要让刘小豆快速找到铜钱，需要思考如下问题。

 (1) 依次用金属探测仪在每本书中找铜钱，最多要找多少次？

 (2) 请你说一说有没有更好的方法去查找铜钱？

思路分析　根据已知题意，要想快速在500本书中找到铜钱，可以使用二分查找算法。先把500本书对半分，再分别用金属探测仪进行探测，如果金属探测仪查找时，在其中一半书里发出响声，则把另一半书排除，以此类推，直到用金属探测仪在书中找到铜钱为止，并输出找到铜钱的次数。

2. 案例准备

分治算法解决问题的思路　本案例可以使用分治算法解决问题，它的核心是把一个复杂的问题分解成很多个相同的子问题，再把子问题继续往下分解，直到最后的子问题简单到直接解决为止，最后将子问题的解合并求出原问题的解。在本案例中，使用的二分查找是一种以分治思想为基础的查找算法，它先将书对半分，再用金属探测仪进行探测，如果探测仪查找其中一半书时发出响声，则说明铜钱藏在这一半书里，另一半书则排除，接着将剩下的书继续对半分，并进行查找，以此类推，直到找到书中的铜钱为止。

算法设计　根据上面的思考与分析，完成算法流程图的设计。

主函数程序流程图：编写主函数程序时，首先定义了变量l、r和n，分别表示查找范围和藏铜钱的书本号，然后将这些变量作为参数传入分治函数中进行调用，输出找到的书本号和查找次数。

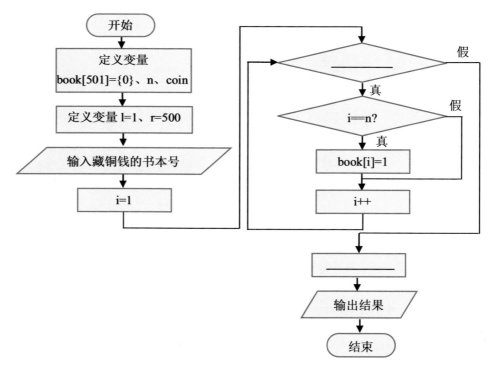

分治函数程序流程图：在分治函数中先找出数组中的中间元素，接着判断中间元素和目标元素的关系，如果该元素正好是目标元素，则说明已经找到了铜钱，搜索结束，如果不是目标元素，则递归调用函数自身，继续查找。

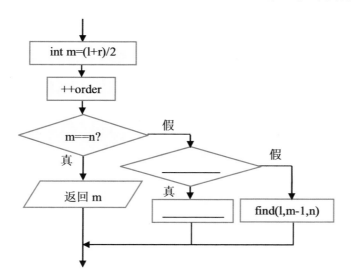

3. 案例实施

编写程序 根据算法流程图，用分治算法来解决铜钱查找问题，编写的程序代码如下图所示。

```
1   #include<iostream>
2   using namespace std;
3   int order=0;                          // 定义次数变量order，并赋值为0
4   int find(int l,int r,int n){
5       int m=(l+r)/2;                     // 计算中间值
6       ++order;                           // 记录次数
7       if(n==m)return m;                  // 如果在书中找到铜钱，返回书本号
8       else if(n>m)find(m+1,r,n);
9       else find(l,m-1,n);                // 在左半边书中递归查找
10      }
11  int main(){
12      int book[501]={0},n,coin;          // 定义查找范围
13      int l=1,r=500;
14      cout<<"请输入藏铜钱的书本号：";
15      cin>>n;
16      for(int i=1;i<=500;i++)             // 输入藏铜钱的书本号
17          if(i==n)book[i]=1;             // 将藏铜钱的书本号的值设置为1
18      coin=find(l,r,n);                   // 调用find函数
19      cout<<"刘小豆找到藏铜钱的书本号为";
20      cout<<coin<<"号"<<endl;
21      cout<<"刘小豆一共找了"<<order;
22      cout<<"次找到铜钱"<<endl;           // 输出结果
23      return 0;
24  }
```

测试程序　编译运行程序，输入藏铜钱的书本号，其运行结果如下图所示。

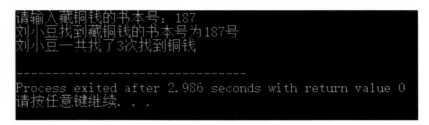

答疑解惑　为了模拟查找过程，程序中设置了一个book数组，并先初始化为0，然后设置好藏铜钱的书本，为了与其他书本区分，将该书本的号码值设置为1，比如book[187]=1;代表铜钱藏在187号书本中。另外，如何判断边界、如何根据判断结果进入下一轮递归等都容易出现错误，所以在设置递归条件时要特别注意查找范围。

案例 103　为公司选拔人才

案例知识：应用排序算法解决问题

某公司的招聘工作正在如火如荼地进行，为了选拔合适的人员，公司决定根据计划录取人数的150%(向下取整)进行划定。考核前公司给所有应聘者分发了编号，并进行测试，测试成绩将作为公司录取的标准。请尝试编程输出公司录取的应聘者编号。

1. 案例分析

提出问题　要输出录取者的信息，需要思考如下问题。

> (1) 如果应聘者为6人，计划录取3人，则依据规定有几人会被录取？
>
> (2) 若录取人数是4人，如何按照测试成绩输出录取者的编号？

分析问题　根据已知题意，按照计划录取人数的150%(向下取整)进行划定，所以需要先计算出实际录取人数，用计划录取人数×1.5，再对计算结果向下取整，如果计划录取3人，则共录取4人(4.5向下取整)。接着应设计一个结构体，结构体中包含应聘者的编号和测试成绩的信息，再使用结构体排序算法，按照结构体中应聘者的测试成绩进行降序排列。排序完成后，根据实际录取人数，输出录取的应聘者编号。

2. 案例准备

排序算法解决问题的思路　本案例可以使用排序算法来解决问题，为了减小难度，使用了结构体排序算法对关键字进行排序。先设计一个结构体，其中包含应聘者的编号和测试成绩的信息，接着使用sort函数，根据结构体中应聘者的测试成绩进行降序排列，再按成绩从高到低输出录取的应聘者的编号。

向下取整函数和向上取整函数　向下取整函数floor，指当计算的结果不为整数时取小于计算结果的整数，如floor(4.5)，结果为4；而向上取整函数ceil，指当计算的结果不为整数时取大于计算结果的整数，如ceil(4.5)，结果为5。这2个函数是cmath库中的取整数函数，所以使用前必须在程序开头加上#include <cmath>语句。

算法设计　根据上面的思考与分析，完成算法流程图的设计。

声明结构体：在结构体中定义3个成员变量num、score，分别表示应聘者的编号和测试成绩，接着定义结构体数组变量hun。

结构体名	Job
成员变量1	num
成员变量2	score
结构体数组变量名	hun

　　主函数程序流程图：编写主函数程序时，首先定义了变量m、n和r，分别表示参加选拔的人数、计划录取的人数，以及实际录取人数；然后根据变量n设置循环程序，在循环体中输入应聘者的编号和测试成绩，再调用排序函数，按照成绩从高到低进行排序；最后输出录取的应聘者编号。

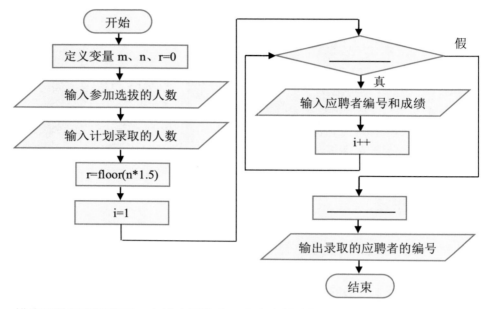

　　排序函数程序流程图：在排序函数中，自定义排序规则。

3. 案例实施

　　编写程序　根据算法流程图，用排序算法解决公司选拔人才的问题，编写的程序代码如下图所示。

```
1   #include <iostream>
2   #include <string>
3   #include <cmath>                          // 引入库cmath
4   #include <algorithm>
5   using namespace std;
6   struct Job{                               // 声明结构体Job
7       string num;                           // 定义成员变量num
8       float score;                          // 定义成员变量score
9   }hun[100];                                // 定义结构体数组变量hun
10  bool cmp(Job &s1,Job &s2){
11      return s1.score>s2.score;             // 重写sort库函数，定义排序规则
12  }
13  int main(){
14      int m,n,r=0;                          // 定义变量m、n、r=0
15      cout<<"请输入参加选拔的人数：";
16      cin>>m;                               // 输入参加选拔的人数
17      cout<<"请输入计划录取人数：";
18      cin>>n;                               // 输入计划录取的人数
19      r=floor(n*1.5);                       // 向下取整，得到实际录取人数
20      cout<<"实际录取人数为"<<r<<"人"<<endl;
21      cout<<"请输入应聘者的编号和测试成绩："<<endl;
22      for(int i=1;i<=m;i++)
23          cin>>hun[i].num>>hun[i].score;    // 输入编号和成绩
24      sort(hun+1,hun+m+1,cmp);              // 调用库函数sort
25      cout<<"录取的应聘者的编号为：";
26      for(int i=1;i<=r;i++)
27          cout<<hun[i].num<<" ";            // 输出录取的应聘者的编号
28      return 0;
29  }
```

测试程序　编译运行程序，输入参加选拔的人数及计划录取的人数，屏幕输出实际录取人数，再输入应聘者的编号和测试成绩，屏幕输出录取的应聘者编号，如下图所示。

答疑解惑　程序中第19行使用floor函数对计划的录取人数向下取整，如果使用ceil函数则会对计划的录取人数向上取整，不符合人数要求。

案例 104　数字的组合形式
案例知识：应用搜索算法解决问题

组合问题是数学运算的高频题型之一，刘小豆正在做一道组合数学题，题目内容为：从1到5这几个数字中任意取出3个数字进行组合，要求组合的数字不能重复，那么有哪些组合形式呢?请你编程帮刘小豆解决问题，输出所有的组合数字。

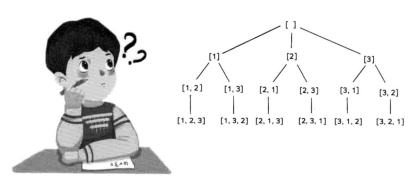

1. 案例分析

提出问题　要输出所有的组合数字，需要思考如下问题。

　(1) 请你说一说排列与组合的区别是什么?

　(2) 从数字1到3中任取2个数字，可组成几种无重复的数?

思路分析　首先把5个数字放在一个数组中，先保证头2个数字不动，组合成数字12，第3个数字从左往右进行移动组合，可以得到123、124、125；然后保持第1个数字不动，第2个数字向后移动一位，组合成数字13，第3个数字从左往右进行移动组合，可以得到134、135。以此类推，直到得到所有数字的组合形式，如下图所示。

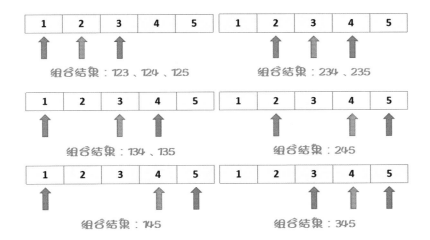

2. 案例准备

搜索算法解决问题的思路　在前面已经学习过搜索算法，搜索分为广度优先搜索和深度优先搜索。在本案例中，可以将数字组合比喻成一棵树，采用深度优先搜索的方法搜索根到叶子节点的所有路径，每一条由3个不重复的数字所组成的路径就是一个组合，如下图所示。

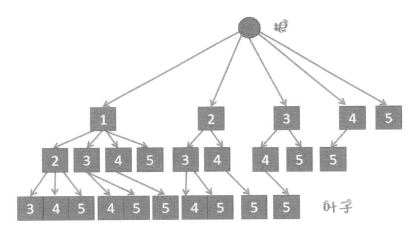

算法设计　根据上面的思考与分析，完成算法流程图的设计。

主函数程序流程图：初始化数组变量arr，编写主函数程序时，将第1个数字和arr数组下标0作为参数传入搜索函数中进行调用。

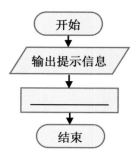

搜索函数程序流程图：在搜索函数中设置判断边界，如果不满足边界条件，继续递归调用函数自身，如果满足边界条件，即取出了3个不同的数字，则输出该数字的组合形式，并逐层返回，输出所有数字的组合形式。

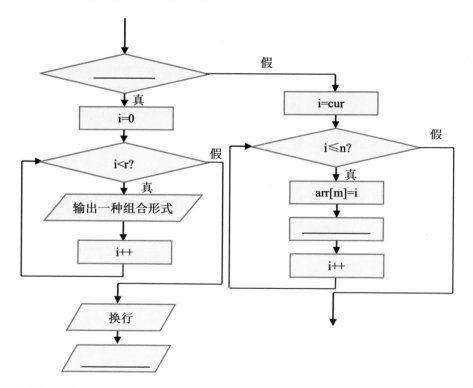

3. 案例实施

编写程序　根据算法流程图，输出数字组合形式的程序代码如下图所示。

```
1  #include <iostream>
2  #include <string>
3  #include <cstdio>
4  using namespace std;
5  const int n=5,r=3;              // 定义常量n=5，r=3
6  int arr[50]={};                 // 初始化数组变量arr
7  void compose(int cur,int m){
8      if(m==r){                   // 如果取出了三个不重复的数字
9          for(int i=0;i<r;i++)
10             printf("%3d",arr[i]);   // 输出一种组合形式
11         cout<<endl;             // 换行
12         return;                 // 退出
13     }
14     for(int i=cur;i<=n;i++){
15         arr[m]=i;               // 将组合的一个数字赋给数组arr
16         compose(i+1,m+1);       // 调用函数自身
17     }
18 }
19 int main(){
20     cout<<"组合的形式为："<<endl;
21     compose(1,0);               // 调用函数compose，参数为第1个数字和arr数组下标0
22     return 0;
23 }
```

测试程序　编译运行程序，将所有的组合数字显示在计算机屏幕上，如下图所示。

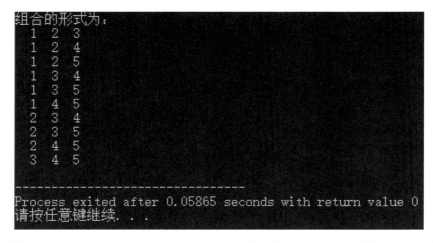

答疑解惑　程序对compose函数自身进行递归调用，搜索数字进行组合。注意对函数进行递归时，一定要有递归的终止条件，如果没有，程序会无限地递归调用下去。

案例 105　财富相加有方法

案例知识：高精度加法

　　今天，刘小豆遇到了这样一道计算题，描述如下：A市和B市的国民总财富值分别为2123121111111111111111112元和213311111121111311111112111元，那么这两个市的国民总财富的和是多少呢？由于计算的数字比较大，刘小豆想使用编程解决问题，但编程时他发现C++语言声明的所有整数类型变量都计算不了，于是他求助信息科技老师，老师告诉他需要编写一个高精度加法的程序，才能进行大于20位的十进制整数计算，请你帮助刘小豆编写程序。

1. 案例分析

　　提出问题　要编写一个高精度加法的程序，需要思考如下问题。

　　(1) 当无法用整数类型定义数据变量时，如何将数据相加？

　　(2) 可使用什么方法对数据进行保存？

　　思路分析　因为C++语言的整数类型变量无法保存20位及以上的十进制整数，所以可以换个思路，用字符串类型的变量去保存数据。单个字符可以用ASCII码表示，因此需要用数据数位上字符的ASCII码减去字符'0'的ASCII码，就可以得到该整数。用同样的方法对另一个数据进行操作，得到另一个整数。将它们相加，并将其结果与字符'0'相加转变成字符，最后存入字符串变量中，即可解决问题。

2. 案例准备

string字符串中的函数　在C++语言中，string是C++标准库的重要部分，主要用于字符串处理。使用前，需要在文件中包含#include<string>语句。另外，它还提供了很多函数可以直接调用，如下所示。

名称	作用
size	返回字符串长度，如str.size()
insert	在字符串指定位置插入字符，如str.insert(0,2,a')
push_back	在字符串尾部插入字符，如str.push_back('a')
empty	判断字符串是否为空，如str.empty()
find_last_not_of	在字符串中查找第一个不包含在参数中的字符，如str.find_last_not_of('a')
rbegin	返回一个逆向迭代器，指向字符串的第一个字符，如str.rbegin()
rend	返回一个逆向迭代器，指向字符串的最后一个字符，如str.rend()
reserver	为字符串预留空间，如str1.reserve(5)

size_t的类型　在C++语言中，size_t代表无符号整数类型，可用于数组的下标，其用法和int类似，使用前必须在程序开头加上#include <iostream>或#include <cstdio>语句，其基本格式如下。

> **格式：** 数据类型 变量名1;
> **例：** "size_t a;"，表示定义a为无符号整数类型变量。
> **格式：** scanf("格式控制符",地址列表);
> **例：** "scanf("%zu%zu",&a,&b);"，表示输入无符号整数类型变量a和变量b的值。
> **格式：** printf("格式控制符",输出列表);
> **例：** "printf("%zu",&a);"，表示输出无符号整数类型变量a的值。

算法设计　根据上面的思考与分析，完成算法流程图的设计。

主函数程序流程图：编写主函数程序时需要3个变量s1、s2和he，分别表示A市和B市的国民总财富值及两个市的国民财富总和，然后将这些变量作为参数传入加法函数中进行调用，输出两个市的国民财富总和。

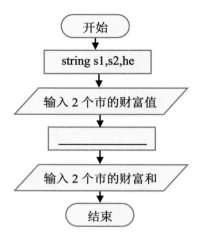

加法函数程序流程图：在加法函数中，字符串变量s1和s2分别保存2个相加的整数，将2个数从高位到低位对齐，不够的位数补0，接着将2个数相加，将结果保存在字符串变量ans中，最后将变量ans的值倒序转置。

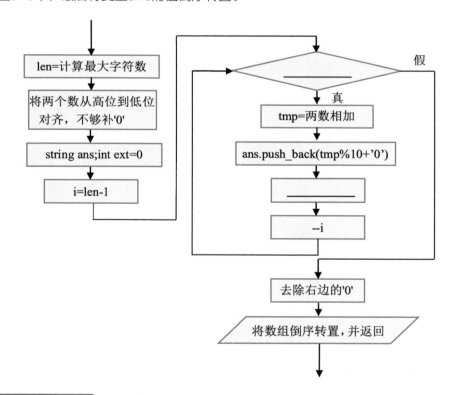

3. 案例实施

编写程序 根据算法流程图，财富计算的程序代码如下图所示。

```
 1  #include <iostream>
 2  #include <string>
 3  using namespace std;
 4  string add(string s1,string s2){
 5      size_t len=max(s1.size(),s2.size())+1;   // 定义变量len
 6      s1.insert(0,len-s1.size(),'0');          // 在字符串左边补'0'
 7      s2.insert(0,len-s2.size(),'0');
 8      string ans;                              // 定义字符串变量ans
 9      int ext=0;                               // 定义整型变量ext
10      for(size_t i=len-1;i!=size_t(-1);--i){
11          int tmp=(s1[i]-'0')+(s2[i]-'0')+ext; // 相加
12          ans.push_back(tmp%10+'0');           // 将个位数存入字符串变量
13          ext=tmp/10;                          // tmp取十位数，保存进位
14      }
15      ans.erase(ans.find_last_not_of('0')+1);  // 去除右边的'0'
16      return ans.empty()?"0"://
17      string(ans.rbegin(),ans.rend());         // 数组倒序转置
18  }
19  int main(){
20      string s1,s2,he;                         // 定义字符串变量s1、s2、he
21      cout<<"请输入A市和B市的国民总财富的整数值：";
22      cout<<endl;
23      cin>>s1>>s2;                             // 输入两个市国民总财富的值
24      he=add(s1,s2);                           // 调用add函数
25      cout<<"两个市的国民总财富的和为"<<he;     // 输出结果
26      return 0;
27  }
```

测试程序　编译运行程序，输入A市和B市的国民总财富值，程序运行结果如下图所示。

请输入A市和B市的国民总财富的整数值：
21231211111111111111111112
21331111112111113111112111
两个市的国民总财富的和为42562322223222242222223223

Process exited after 41.25 seconds with return value 0
请按任意键继续. . .

答疑解惑　程序中2个整数都是用字符串类型保存的，当2个整数的位数不同时，要从右向左对齐，左边位数不够时补0，程序的第6行和第7行用insert函数解决了补0问题。

案例 106 兄弟身高差多少

案例知识：高精度减法

一天，信息科技老师问了刘小豆一个问题：传说某巨人村庄中有一对孪生兄弟，他们的身高在村庄里是数一数二的，其中弟弟的身高为567812345678912341235厘米，而哥哥的身高为624174836485678912345厘米，那么他们之间的身高差是多少，你能用编程解决该问题吗？此时，需要相减的2个数因为数值非常大，C++语言中的整数类型无法计算，需要编写一个高精度减法的程序来解决此问题，请你帮助刘小豆编写程序。

1. 案例分析

提出问题　要编写一个高精度减法的程序，需要思考如下问题。

> (1) 当无法用整数类型定义数据变量时，数据如何相减？
>
> (2) 如果2个数相减计算的结果是负数，如何处理？

思路分析　高精度减法可以参考高精度加法的设计思路，首先用字符串类型的变量去保存数据，用减数数位上字符的ASCII码减去被减数数位上字符的ASCII码，再将其结果和数字'0'字符相加，其目的是将计算结果的整型数据转换成字符型数据，最后将其存入字符串变量中。另外，要注意相减的结果可能会有正负的问题，需要优先处理。

2. 案例准备

高精度数据相减结果的正负判断　程序中，因为相减结果有正负，所以要判断结果的正负。为了方便计算，采用的思路是：先判断2个数的大小，如果减数比被减数大，则将减数和被减数交换，保证被减数永远比减数大，如右图所示。

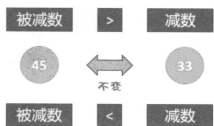

算法设计　根据上面的思考与分析，完成算法流程图的设计。

主函数程序流程图：编写主函数程序时需要3个变量s1、s2和cha，分别表示哥哥和弟弟的身高值和身高差，然后将这些变量作为参数传入减法函数中进行调用，输出身高差。

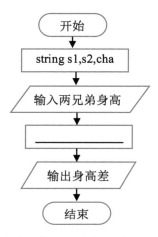

减法函数程序流程图：在减法函数中，字符串变量s1和s2分别保存被减数和减数，如果减数比被减数大，则将s1和s2交换。将2个数从高位到低位对齐，不够的位数补0，接着将2个数相减，将结果保存在字符串变量ans中，最后将ans变量的值倒序转置。

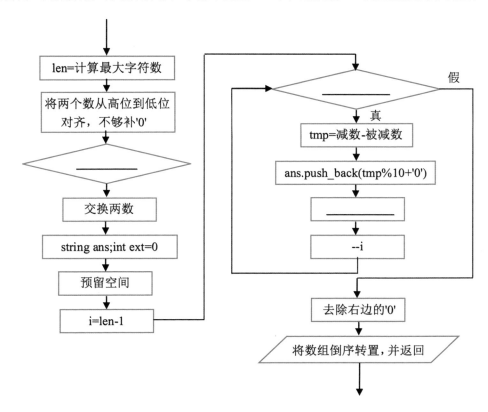

3. 案例实施 🔧

编写程序　根据算法流程图，身高差计算的程序代码如下图所示。

```cpp
1   #include <iostream>
2   #include <string>
3   using namespace std;
4   string sub(string s1,string s2){
5       size_t len=max(s1.size(),s2.size())+1;  // 计算最大字符数
6       s1.insert(0,len-s1.size(),'0');          // 在字符串左边补'0'
7       s2.insert(0,len-s2.size(),'0');
8       if(s1<s2)swap(s1,s2);                     // 如果s1<s2，交换字符串
9       string ans;
10      ans.reserve(s1.size());                   // 预留空间
11      int ext=0;
12      for(size_t i=len-1;i!=size_t(-1);--i){
13          int tmp=10+s1[i]-s2[i]-ext;           // 相减
14          ans.push_back(tmp%10+'0');            // 将个位数存入字符串变量
15          ext=tmp<10?1:0;                        // 保存借位
16      }
17      ans.erase(ans.find_last_not_of('0')+1);   // 去除右边的'0'
18      return ans.empty()?"0"://
19      string(ans.rbegin(),ans.rend());          // 数组倒序转置
20  }
21  int main(){
22      string s1,s2,cha;                         // 定义字符串变量s1、s2、cha
23      cout<<"请输入哥哥和弟弟身高的整数值：";
24      cout<<endl;
25      cin>>s1>>s2;                               // 输入两兄弟的身高值
26      cha=sub(s1,s2);                            // 调用函数sub
27      cout<<"两兄弟的身高差为"<<cha<<"厘米";      // 输出结果
28      return 0;
29  }
```

测试程序　编译运行程序，输入两兄弟的身高值，程序运行结果如下图所示。

```
请输入哥哥和弟弟身高的整数值：
91111222222222222222111111111
7891111111111111111111111122
两兄弟的身高差为122001111111111110999999989厘米
--------------------------------
Process exited after 24.57 seconds with return value 0
请按任意键继续. . .
```

答疑解惑　在程序中对2个整数进行减法运算时，使用push_back函数是将相减的结果存入字符串变量中。注意，从整数高位到低位向字符串变量存入，所以在输出最后结果之前，需要使用rbegin和rend函数将其倒序转置，再输出减法运算的结果。

案例 107	**显示文件的内容**
	案例知识：文件的读取操作

约翰逊是X城一名出色的特工，他一直在与想破坏城市的犯罪分子做斗争，守护城市的安全。一天，约翰逊从敌人的情报库里截取了一个秘密的文本文件，文件里记载了敌人在X城中放置定时炸弹的解除密码。请你帮助约翰逊编程，把文本文件的内容显示在计算机屏幕上。

1. 案例分析

提出问题　要把文本文件的内容显示在计算机屏幕上，需要思考的问题如下。

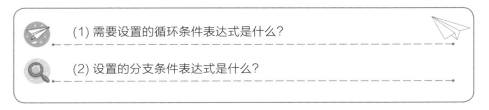

(1) 需要设置的循环条件表达式是什么？

(2) 设置的分支条件表达式是什么？

思路分析　首先确认文本文件存放的路径和文件名。然后设置判断语句，判断文本文件是否被成功打开，如果成功打开就与该文件建立关联，然后读取其内容，并输出到屏幕上；如果没有成功打开则输出提示信息，并退出程序。

2. 案例准备

文件的读取操作 在C++语言中,对文件的读取操作方式是通过输入文件流来实现的,使用前需要在文件中加入#include<fstream>语句,其基本内容如下所示。

> **格式:** ifstream 输入文件流对象("文件名",打开方式);
>
> **功能:** 文件读取操作,将存储设备读取到内存中。
>
> **例:** ifstream pwe("a.txt");,读取a.txt文件中的内容。

文件的打开和关闭操作 在C++语言中,对文件进行读取和写入操作之前,可以通过open函数打开文件,打开文件的方式有很多种,如下表所示。在使用时,可以用或"|"符号将相关属性连接起来,表示两种功能都存在。操作结束后,可以通过close函数来关闭文件。

名称	作用
ios::in	以输入方式打开文件,如pwe.open("a.txt",ios::in)
ios::out	以输入方式打开文件,如pwe.open("a.txt",ios::in)
ios::ate	文件打开后定位到文件尾,如pwe.open("a.txt",ios::ate)
ios::app	以追加方式打开文件,如pwe.open("a.txt",ios::app)
ios::trunc	如果文件存在,先删除文件,如pwe.open("a.txt",ios::trunc)

算法设计 根据上面的思考与分析,完成算法流程图的设计。

主函数程序流程图:在主函数中输出提示信息,并调用读取函数。

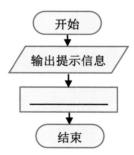

读取函数程序流程图:首先在读取函数中定义字符串变量str,用来接收文件中读取的字符,再定义一个输入文件流对象,用来读取文件中的内容。然后设置判定条件,判断打开文件是否失败,如果打开文件失败,则退出程序;如果打开文件成功,则读取文件内容,并将内容显示在计算机屏幕上。

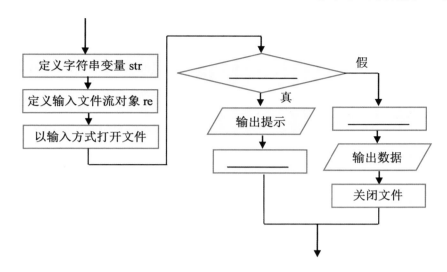

3. 案例实施

编写程序　根据算法流程图，显示文件内容的程序代码如下图所示。

```
1  #include <iostream>
2  #include <string>
3  #include <fstream>
4  using namespace std;                        // 定义变量i, bshi, 并将0赋给bshi
5  void read(){
6      string str;                             // 定义字符串变量str
7      ifstream re;                            // 定义输入文件流对象re
8      re.open("secret.txt",ios::in);          // 以输入的方式打开文件
9      if(!re){                                // 判断文件是否被打开
10         cout<<"文件打开失败"<<endl;
11         exit(1);                            // 退出程序
12     }
13     else{
14         re>>str;                            // 将数据从文件中读取出来
15         cout<<str;
16         re.close();                         // 关闭文件
17     }
18 }
19 int main(){
20     cout<<"文件的内容是："<<endl;
21     read();                                 // 调用read函数
22     return 0;
23 }
```

测试程序　编译运行程序，将文件的内容显示在计算机屏幕上，如下图所示。

```
文件的内容是：
定时炸弹的解除密码：12379afgf679
--------------------------------
Process exited after 0.03853 seconds with return value 0
请按任意键继续. . .
```

答疑解惑　当用程序打开文件时要注意，打开的文件secret.txt没有路径，表示文本文件和程序文件在同一文件夹中。如果文本文件和程序文件不在同一文件夹中，则必须要写明文本文件的完整路径。

案例 108　改正输错的成绩

案例知识：文件的写入操作

六(一)班举行班级跳绳比赛，刘小豆负责记录参赛选手的成绩，并将他们的成绩输入到文本文件中保存。比赛结束后，刘小豆突然发现自己犯了一个错误，他将参赛选手成绩中的很多数字1输入成英文字母l，这可怎么办呢？请你帮助刘小豆编程，实现将文本文件中的英文"l"全部替换为数字"1"的功能。

1. 案例分析

提出问题　要将文件中的英文"l"全部替换为数字"1"，需要思考的问题如下。

(1) 如何对文本文件中的英文"l"进行替换?

(2) 如何将替换后的数据保存在新的文本文件中?

思路分析　首先确认文本文件存放的路径和文件名,打开文本文件,与该文件建立关联,然后读取内容,并将其存入字符变量中。对字符变量中所有的英文字符"l"进行替换,为了保留原始数据,以防程序发生错误,保持原来的文本文件内容不变,将替换完成后的数据写入新文本文件中并保存。

2. 案例准备

文件的写入操作　在C++语言中,对文件的写入操作方式是通过输出文件流来实现的,其基本格式如下所示。

> **格式:** ofstream文件流对象("文件名",打开方式);
> **功能:** 文件写入操作,将内存写入存储设备中。
> **例:** "ofstream pwe("a.txt");",将信息写入a.txt文件中。
> **格式:** fstream 文件流对象("文件名",打开方式);
> **功能:** 文件读写操作,将对文件进行读写操作。
> **例:** "fstream pwe("a.txt");",对a.txt文件进行读写操作。

文件操作的函数　在C++语言中,通过输入或输出文件流定义对象后,可以使用对象对文件进行读取和写入的操作,其基本格式如下所示。

> **格式:** 文件流对象 get(字符变量);
> **功能:** 文件读操作,从文件中读取一个字符给字符变量。
> **例:** "rd.get(fu);",从文件中读取一个字符给字符变量fu。
> **格式:** 文件流对象 put(字符变量);
> **功能:** 文件写入操作,将字符变量的值写入文件中。
> **例:** "wr.put(fu);",将字符变量fu的值写入文件中。

算法设计　根据上面的思考与分析,完成算法流程图的设计。

主函数程序流程图:在主函数中输出提示信息,并调用写入函数,对出错的成绩进行修改。

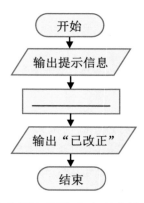

写入函数程序流程图：首先在写入函数中定义字符变量ch，用来接收从文件中读取的字符；然后定义一个输入文件流对象，用来将字符写入文件中；接着设置循环条件，判断是否已经读取到文件中的最后一个字符；最后在循环体中设置判定条件，如果发现错误的字符，对其进行更改，并写入文件中。

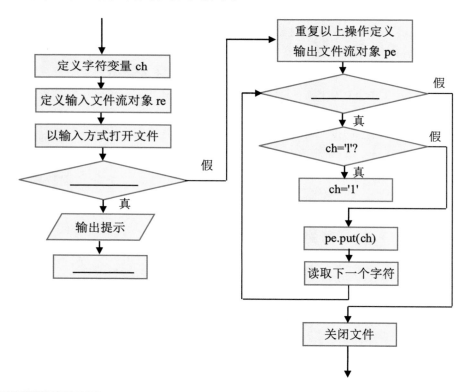

3. 案例实施

编写程序　根据算法流程图，将英文修改为数字的程序代码如下图所示。

```
1    #include <iostream>
2    #include <fstream>
3    using namespace std;
4    void write(){
5        char ch;                              // 定义字符变量ch
6        ifstream re;                          // 定义输入文件流对象re
7        re.open("score.txt",ios::in);         // 以输入的方式打开文件
8        if(!re){                              // 判断文件是否被打开
9            cout<<"文件打开失败"<<endl;
10           exit(1);
11       }
12       ofstream pe;                          // 定义输出文件流对象pe
13       pe.open("xscore.txt",ios::out);       // 以输出的方式打开文件
14       if(!pe){
15           cout<<"文件打开失败"<<endl;
16           exit(1);                          // 退出程序
17       }
18       while(re.get(ch)){                    // 从源文件中读取一个字符给变量ch
19           if(ch=='l')ch='1';                // 将英文字符'l'替换成数字1
20           pe.put(ch);                       // 将变量ch的值写入目标文件中
21       }
22       re.close();                           // 关闭文件
23       pe.close();
24   }
25   int main(){
26       cout<<"将文件中英文" l"替换为数字1："<<endl;
27       write();                              // 调用函数write
28       cout<<"已改正";
29       return 0;
30   }
```

　　测试程序　运行程序，运行结果如下图所示，改正后的文本文件可以在案例文档中查看。

　　答疑解惑　当程序读取文本文件时，要将文本文件的编码保存为ANSI编码格式，这样文本文件中的中文能够被读取和显示出来。如果将文本文件的编码保存为UTF8编码格式，文本文件中的中文显示出来的是乱码。另外，无论是读取文件还是写入文件操作，最后都要将文件关闭。